高等职业教育装备制造大类专业新型活页式系列教材

铣削加工技术教学工作页

谢 鑫 朱 楠 关 鑫 郑晓旭◎编著

中国铁道出版社有限公司
CHINA RAILWAY PUBLISHING HOUSE CO., LTD.

内 容 简 介

全书以“理论知识＋技能训练＋课程思政”为结构框架，在内容编排上，采用行动导向教学模式，运用五步教学法，以“导入—任务—行动—纠错—评价”为主线，更好地吸引学生参与到学习过程中，进而降低学习难度，为教师和学生在课上、课下组织教学活动，提供一站式管理与支持。

全书分为九个教学项目和十套作业题。项目一～项目四为铣削加工前的基础训练，项目五～项目九为铣削加工的基础技能训练。教学项目的选取依据职业标准和岗位需求，以企业典型工作任务为载体，采用循序渐进的训练模式，将企业生产流程、工艺文件、课程思政融入课堂，注重培养学生的方法能力、社会能力、创新能力以及职业道德、职业精神和职业素养，并加大了这些方面的评价力度。作业题内容的选取参照铣工中级标准，既突出学生技能培养，又保证学生掌握必备的理论知识，真正体现“边学边做，边做边学，学用结合”的职业教育特色。

本书是新型活页式教材，适合作为高等职业院校装备制造大类中机械类和非机械类专业铣工实训课程的教材。

图书在版编目（CIP）数据

铣削加工技术教学工作页/谢鑫等编著. —北京：中国铁道出版社有限公司，2022.8（2026.1重印）
高等职业教育装备制造大类专业新型活页式系列教材
ISBN 978-7-113-28798-6

Ⅰ.①铣… Ⅱ.①谢… Ⅲ.①铣削-高等职业教育-教材 Ⅳ.①TG54

中国版本图书馆CIP数据核字（2022）第008764号

书　　名：铣削加工技术教学工作页
作　　者：谢　鑫　朱　楠　关　鑫　郑晓旭

策　　划：何红艳　尹　鹏　　　　编辑部电话：（010）63560043
责任编辑：何红艳　包　宁
封面设计：刘　颖
责任校对：苗　丹
责任印制：赵星辰

出版发行：中国铁道出版社有限公司（100054，北京市西城区右安门西街8号）
网　　址：https://www.tdpress.com/51eds
印　　刷：北京联兴盛业印刷股份有限公司
版　　次：2022年8月第1版　2026年1月第2次印刷
开　　本：787 mm × 1 092 mm 1/16　印张：11　字数：274千
书　　号：ISBN 978-7-113-28798-6
定　　价：39.80元

前　言

当前，我国职业教育正面临着快速发展和质量提升的重大机遇期和转型期，在这一新时期我们无法绕开的核心是人才培养质量，而人才培养质量的基点是教学。《国家职业教育改革实施方案》提出了“三教”（教师、教材、教法）改革的任务，以解决教学系统中“谁来教、教什么、如何教”的问题。

《铣削加工技术教学工作页》正是在职业教育“三教”改革背景下孕育而生。本书在编写过程中紧紧围绕高职机械类和非机械类专业实训课程的特点，结合新型活页式教材的开发要求，以国家职业标准为依据，以综合职业能力培养为目标，以企业典型工作任务为载体，以学生为中心，以能力培养为本位，将理论学习与实践技能有机结合，使学生真正做到知识、能力与素质共同提升。

本书主要有以下特点:

1. 校企合作

本书在编写过程中，吉林省“五一劳动奖章”获得者、吉林省首席技师、吉林省经济技术创新标兵、长春市高技能领军人才、长春市政府津贴获得者，一汽铸造有限公司产品技术部模具制造车间铣工高级技师郑晓旭参与编写并负责统稿工作。本书中的相关知识点与技能点，均根据实际生产任务进行设置，真正意义上实现“专业与产业、职业岗位对接，专业课程内容与职业标准对接，教学过程与生产过程对接”。

依据中级铣工国家技能鉴定标准，推进课程标准与企业标准、课程内容与职业岗位需要、课程考核与职业技能资格考核相结合。

2. 深化“三教”改革

教材中的项目是以企业典型工作任务为载体，在教材中做了大量的表格化处理，以图带文，图文并茂，弱化“教学材料”的特征，强化“学习资料”的功能，具有较好的可读性；在教法上以学生为中心，通过问题引导、任务实施、评价和课后作业题能及时分析并掌握学生的学习情况，在评价中设置了自评价、互评价和师评价三部分，着重培养学生独立工作能力、沟通能力、创造能力、团结合作能力，为后续发展奠定基础；教师的角色由知识的传授者变为学习任务的设计者，教学过程中的策划者，学习任务的组织者，学习效果的检查和督促者。

3. 课程思政

本书在编写过程中，将工匠精神、名人名言等“嵌入”教材页眉处，通过这些标语，引导学生形成正确的世界观、价值观、人生观，进而提升学生的职业素养，培养德技兼备的技术技能型人才，实现思想政治教育与技术技能培养的有机统一，把“三全育人、立德树人”落到实处。

4. 留白笔记

本书中每个项目结束处都有意留出空白页，方便学生用来总结、反思和随时记录。学生可以将重点、难点、感悟、反思等直接记录在空白页上，这样对学生记忆、理解、深度思考和复习起到很好效果。

本书由吉林电子信息职业技术学院谢鑫、朱楠、关鑫和一汽铸造有限公司产品技术部模具制造车间郑晓旭编著，全书共分为九个教学项目和十套作业题，具体编写分工如下：谢鑫编写项目一、项目二、项目五、作业模块；朱楠编写项目三、项目四；郑晓旭编写项目六、项目七、项目八；关鑫编写项目九。全书由谢鑫、郑晓旭统稿。

本书编写过程中借鉴了德国双元制职业教育教材资料与文献，技工院校一体化课程教学改革专业教材《零件普通铣床加工（一）》，在此表示衷心的感谢。

在编写过程中，由于编者水平有限，书中难免存在疏漏和不妥之处，恳请广大读者给予批评指正！

编著者

2022 年 2 月

目　录

安全生产，预防为主。生命宝贵，安全第一。

<table>
<tr><td rowspan="3">工作页</td><td rowspan="3">项目一　安全教育</td><td colspan="2">班级：</td><td>姓名：</td></tr>
<tr><td>学号：</td><td>日期：</td><td>页码：1-1</td></tr>
<tr><td colspan="3">学习领域：铣削加工技术</td></tr>
</table>

教学目标

- 掌握实训车间各项规章管理制度。
- 掌握铣床技术安全操作规程并规范操作。
- 掌握铣床区域的管理。
- 认识铣工实训场地及铣床设备。
- 能够按车间要求穿戴劳保用品。

导入

在科学技术迅速发展的今天，尽管各种新技术、新工艺不断涌现，金属切削加工在机械制造业中依旧占有极其重要的地位。绝大多数机械零件需要通过切削加工达到规定的尺寸精度和几何精度，以满足产品的性能和使用要求。在诸多切削加工工种中，铣削加工也是最基本的。

任务

1. 实训车间的管理制度。
2. 铣床技术安全操作规程。
3. 铣削安全教育及测试。
4. 铣工区域及 6S 管理。

行动

1. 实训车间的管理制度

现在每一位学员都是铣削加工技术这门课的“新员工”，所以要知晓实训车间的管理制度。认真听讲，因为涉及每一位同学的利益。

（1）进入车间必须按照要求穿戴劳保用品，在规定的时间内开启铣工设备。

（2）遵守时间，按时到岗，不迟到、不早退，不串岗、离岗，否则按旷工处理。

（3）车间内不允许吃零食，喝水除外。

（4）车间及卫生间内不允许吸烟，否则按违纪处理。

（5）严禁私自改、接电线，维修设备，如有故障及时上报相关部门维修。

（6）有事需提前请假，经批准后方可离开，不可无故缺勤。

（7）工作时间禁止在工作场合聚众闲谈，大声喧哗。

（8）按 6S 管理要求妥善保管工具及物品；零件产品要定置摆放，防止遗失、泄密。

（9）不得随地吐痰、乱扔杂物、乱涂乱画和擅自张贴非工作宣传品。

（10）离岗后应及时关闭计算机、灯及其他设备等。

（11）严格遵守各项安全规章制度，确保各项工作在安全、文明的环境下进行。

安全规程系生命，自觉遵守是保障。

<table>
<tr><td rowspan="3">工作页</td><td rowspan="3">项目一　安全教育</td><td colspan="2">班级：</td><td colspan="2">姓名：</td></tr>
<tr><td>学号：</td><td colspan="2">日期：</td><td>页码：1-2</td></tr>
<tr><td colspan="4">学习领域：铣削加工技术</td></tr>
</table>

2. 铣床技术安全操作规程

（1）在上岗前，为了保证大家的安全，要求大家学习并严格执行铣床技术安全操作规程（见表 1-1）。

表 1-1　铣床技术安全操作规程

序　号	内　容
1	进入工场地必须穿戴工作服。操作时不准戴手套（防止手套挂在刀具上，从而导致事故的发生），女性必须戴上工作帽（防止头发过长，卷入机器中）
2	开车前，检查机床手柄位置及刀具装夹是否牢固可靠，刀具运动方向与工作台进给方向是否正确
3	给各注油孔注油，空转试车（冬季必须先开慢车）2 min 以上，查看油窗等各部位，并听声音是否正常
4	切削时先开车，如中途停车应先停止进给，后退刀，再停车
5	集中精力，坚守岗位，离开时必须停车，机床不许超负荷工作
6	工作台上不准堆积过多的铁屑，工作台及导轨面上禁止摆放工具或其他物件，工具应放在指定位置
7	切削中，禁止用毛刷在与刀具转向相同的方向清理铁屑或加冷却液
8	机床变速、更换铣刀以及测量工件尺寸时，必须停车
9	严禁两个方向同时自动进给，禁止戴手套
10	铣刀距离工件 10 mm 内，禁止快速进刀，不得连续点动快速进刀
11	经常检查各部润滑及运转连接件情况，如发现异常情况应立即停车报告
12	工作结束后，将手柄摇到零位，关闭总电源，将工卡量具擦净放好，擦净机床，做到工作场地清洁整齐

温馨提示

请同学们遵守图 1-1 的安全警示，防止事故发生。

图 1-1　安全警示

严是爱，松是害，疏忽大意事故来。

<table>
<tr><td rowspan="3">工作页</td><td rowspan="3">项目一　安全教育</td><td colspan="2">班级：</td><td colspan="2">姓名：</td></tr>
<tr><td>学号：</td><td colspan="2">日期：</td><td>页码：1-3</td></tr>
<tr><td colspan="4">学习领域：铣削加工技术</td></tr>
</table>

（2）请学习后回答以下题目：

① 观察图 1-2 、图 1-3、图 1-4，说一说生产现场的着装要求。

图 1-2

图 1-3

图 1-4

② 案例分析。

工人小丽穿着新买的皮凉鞋，披着新染的长发去厂里上班。一看时间快来不及了，她便直接来到了车间，启动了机床。刚准备工作，看看自己精心护理的一双手，小丽赶紧找出一副手套戴上。

请讨论一下，小丽现在能开始工作了吗？如果不能，请指出她的哪些行为是错误的，应该如何改正？

先安全后生产，不安全不生产。安全在你脚下，安全在你手中。

<table>
<tr><td rowspan="3">工作页</td><td rowspan="3">项目一　安全教育</td><td colspan="2">班级：</td><td colspan="2">姓名：</td></tr>
<tr><td>学号：</td><td colspan="2">日期：</td><td>页码：1-4</td></tr>
<tr><td colspan="4">学习领域：铣削加工技术</td></tr>
</table>

③ 工作过程中，小丽发现旋转的铣刀刀轴上有一点脏，她赶忙用抹布擦了擦，被组长看到了，组长过来制止并批评了小丽。组长为什么要批评小丽？

④ 工厂中常见的机床有车床、铣床（见图 1-5）。通常在机床上贴有铭牌（见图 1-6），铭牌上记录了该机床的类型、型号、主要技术参数、生产厂家等信息，请同学们在实训现场找到图 1-5 中的机床，将答案填写在下表中。

类型	型号	工作台面长度	生产厂家

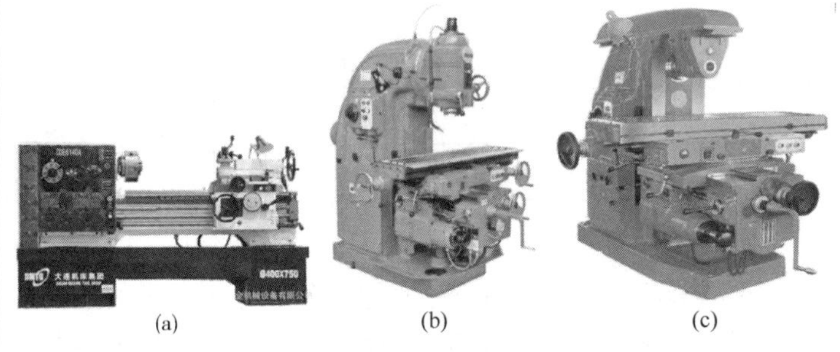

(a)　(b)　(c)

图 1-5 机床类型

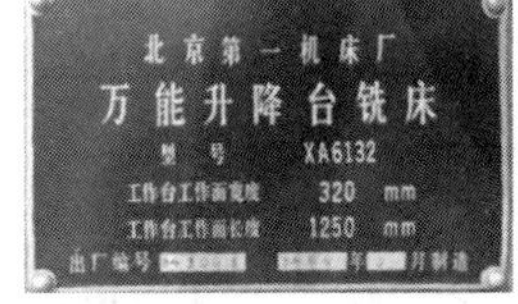

图 1-6　铣床铭牌

⑤ 在生产现场要严格按照安全文明生产规定操作机床（见图 1-7），观察工人的机床操作过程，并记录下他们都采取了哪些安全文明生产措施。

加强职工劳动保护，人人学会保护自己。

<table>
<tr><td rowspan="3">工作页</td><td rowspan="3">项目一　安全教育</td><td colspan="2">班级：</td><td>姓名：</td></tr>
<tr><td>学号：</td><td>日期：</td><td>页码：1-5</td></tr>
<tr><td colspan="3">学习领域：铣削加工技术</td></tr>
</table>

图 1-7　机床操作

温馨提示

（1）严格按照操作规程穿戴劳保用品。

（2）遵守作息时间。

完成以上内容，请与老师沟通。

安全就是效益，安全就是幸福。

工作页	项目一　安全教育	班级：		姓名：
		学号：	日期：	页码： 1-6
		学习领域：铣削加工技术		

3. 铣削安全教育及测试（低于 85 分禁止上岗）

（1）实训管理部分（每空 2 分，共 40 分）：

① 实训学生应按规定着装必须穿好________，不得穿短裤、裙子、丝制品、拖鞋、高跟鞋等进入实训区域，女生上岗必须戴________，严禁戴________操作机床。违者，禁止进入实训区。

② 学生在实训期间应提高________，严格遵守________规程，不准违章作业。

③ 禁止在实训场________、嬉戏、________，严禁干私活，不准乱窜________。

④ 开启________时应遵守安全操作规程，离开使用的机床前应先________、关灯、切断________。

⑤ 保持实训场地的________，工作中应注意________。工作后应整理好工作现场，打扫________卫生，垃圾应倒在________。

⑥ 实训学生应严格遵守上下班时间，不得无故________，不擅自离开________，若不能到岗应事先_____。

⑦ 严禁携带________、危险品、有毒有害、________等进入实训区，一经发现送学校保卫科处理。

（2）安全操作规程（每空 2 分，共 40 分）：

① 机械加工着装要求“三紧”：________、________、________。

② 启动机床前检查________是否处于安全位置。工作前检查________运转情况是否正常，装夹工具、工件一定要________，以免飞出伤人。

③ 机器运转时，禁止________工件，应________，并把________移到安全位置。

④ 禁止把工具、量具、卡具和工件放在________，以免落下伤人。

⑤ 高速切削时要戴好________，操作者不得擅自离开机床。

⑥ 主轴转动时，严禁变换________，以免打坏齿轮发生事故。

⑦ 安全标志分为________标志、________标志、________标志和________标志四类。

⑧ 清理刀具和零件铁屑时严禁________，必须用________等工具清除。

⑨ 下班前清除机床上及周围铁屑，将________擦干，并按规定在加油部位________。

（3）问答题（共 20 分）：

在实训中要树立“安全第一”的思想，请按你的想法说说应该怎样做才能确保自己安全生产。

整理整顿做得好，工作效率步步高。

工作页	项目一　安全教育	班级：		姓名：
		学号：	日期：	页码：1-7
		学习领域：铣削加工技术		

4. 铣工区域管理

（1）合理安排实训现场的管理标准，可以提高效率。铣工实训现场可视化管理标准见表 1-2。

表 1-2　铣工实训区现场可视化管理标准

序号	操作要点	图　示
1	操作过程中：工、量具应摆放整齐、整洁，使用完毕后正确归位	
2	第一层抽屉 量具、防护眼镜、图纸	
3	第二层抽屉 刃具、工具	
4	第三层抽屉 垫铁、毛坯、已加工工件、扳手	
5	第四、五层抽屉 更换的衣物	
6	实训结束 经 6S 操作后，各工作台退回到如图所示位置	

整顿用心做彻底，处处整齐好管理。

<table>
<tr><td rowspan="3">工作页</td><td rowspan="3">项目一　安全教育</td><td colspan="2">班级：</td><td>姓名：</td></tr>
<tr><td>学号：</td><td>日期：</td><td>页码： 1-8</td></tr>
<tr><td colspan="3">学习领域：铣削加工技术</td></tr>
</table>

（2）课程结束后工具柜内各层物品应清点清楚、摆放整齐、卫生整洁，请按照铣工工具柜清单表 1-3 所示清点物品。

表 1-3　铣工工具柜清单

序号	名　称	数　量	图　示
第一层抽屉	量具	按课程需要各 1 把	
	护目镜	2 副	
	铣床工具清单	1 份	
	图纸	按课程需要	
第二层抽屉	铣刀	按课程需要	
	毛刷	1 把	
	锤子	1 把	
	塑料棒	1 根	
第三层抽屉	垫铁	1 套	
	虎钳扳手	1 把	
	毛坯	每人 1 件	
	工件	每人 1 件	
第四、五层抽屉	更换的衣物	各小组衣物	

塑造人的品质，建立管理根基。

<table>
<tr><td rowspan="3">工作页</td><td rowspan="3">项目一　安全教育</td><td colspan="2">班级：</td><td>姓名：</td></tr>
<tr><td>学号：</td><td>日期：</td><td>页码：1-9</td></tr>
<tr><td colspan="3">学习领域：铣削加工技术</td></tr>
</table>

（3）着装规范：

操作员着装合格。

一丝不苟，精益求精，一以贯之。

<table>
<tr><td rowspan="3">工作页</td><td rowspan="3">项目一　安全教育</td><td colspan="2">班级：</td><td>姓名：</td></tr>
<tr><td>学号：</td><td>日期：</td><td>页码：1-10</td></tr>
<tr><td colspan="3">学习领域：铣削加工技术</td></tr>
</table>

（4）请按照表 1-4 规范操作铣床。

表 1-4　铣床操作规范

操作要点	图　示
开启总电源	
变换主轴转速	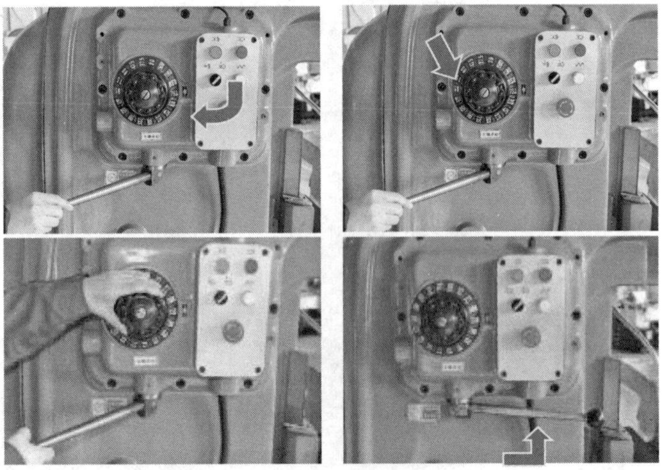
变换进给速度	

完成以上内容，请与老师沟通。

已所不欲，勿施于人。

工作页	项目一　安全教育	班级：		姓名：
		学号：	日期：	页码：1-11
		学习领域：铣削加工技术		

纠错

教师过程纠错及 6S 点评。

结果

1．自我评价

☐熟读并理解铣工安全操作规程　☐对铣工安全操作规程了解一点

☐测试高于 85 分　☐测试低于 85 分

☐工作页已完成并提交　☐工作页未完成　原因：________

2．承诺书

本人郑重承诺：在实训期间严格遵守实训室的各项规章制度，服从教师安排，如有违反后果自负。承诺人________。

3．教师评价

（1）工作页：

☐已完成并提交

☐未完成　未完成原因____________________

（2）测试：

☐合格

☐不合格　不合格的原因____________________

（3）6S 评价：

☐工具摆放整齐　☐工位清理干净　☐安全生产

教师签字：　日期：

好记性不如烂笔头。

<table>
<tr><td rowspan="3">工作页</td><td rowspan="3">项目一　安全教育</td><td colspan="2">班级：</td><td>姓名：</td></tr>
<tr><td>学号：</td><td>日期：</td><td>页码：1-12</td></tr>
<tr><td colspan="3">学习领域：铣削加工技术</td></tr>
</table>

温馨提示

可以将学习重点、难点、感悟、反思记录在此，方便自己记忆、理解、深度思考和复习。

学然后知不足。

工作页	项目二　铣工基础	班级：		姓名：
		学号：	日期：	页码：2-1
		学习领域：铣削加工技术		

教学目标

- 掌握铣床的结构与功能。
- 掌握刀具名称、用途。
- 了解铣床常用附件和工具。
- 能够将你学到的知识与同学交流分享。

导入

铣削时工件与铣刀的相对运动称为铣削运动。它包括主运动和进给运动。主运动是切除工件表面多余材料所需的最基本的运动，进给运动是使工件切削层材料相继投入切削从而加工出完整表面所需的运动。请结合图 2-1，指出铣床的主运动和进给运动分别是什么？

铣床的主运动：________________

铣床的进给运动：________________

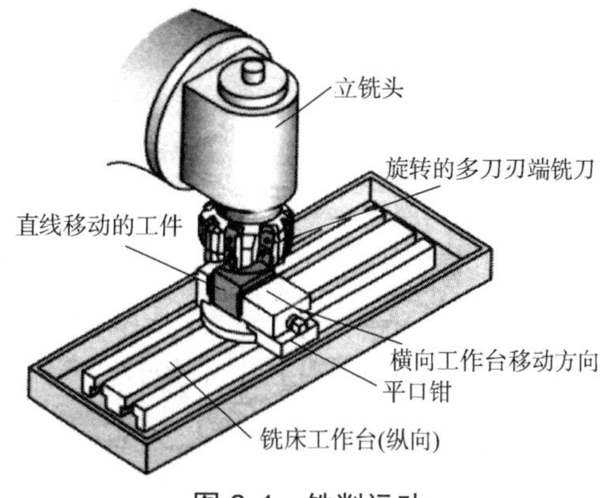

图 2-1　铣削运动

任务

1. 铣床基本结构认知。
2. 铣刀用途认知。
3. 铣床附件用途认知。

行动

1. 根据老师的讲解回答下列问题

（1）写出铣削的定义及特点？

秉于德，律于己，乐于善，践于行。

<table>
<tr><td rowspan="3">工作页</td><td rowspan="3">项目二　铣工基础</td><td colspan="2">班级：</td><td>姓名：</td></tr>
<tr><td>学号：</td><td>日期：</td><td>页码：2-2</td></tr>
<tr><td colspan="3">学习领域：铣削加工技术</td></tr>
</table>

（2）根据老师的讲解，将铣床的各部分名称填至图 2-2 指定方框中。（字迹要求工整）

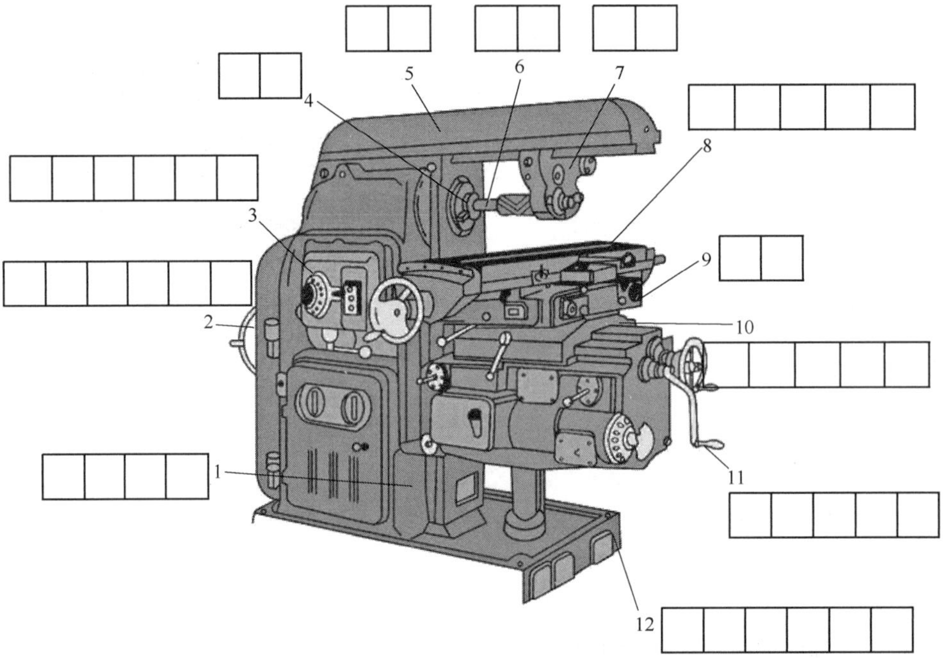

图 2-2　铣床结构

敬业爱岗，务实创新，开拓进取，团结奉献。

工作页	项目二　铣工基础	班级：		姓名：
		学号：	日期：	页码：2-3
		学习领域：铣削加工技术		

（3）根据老师的讲解，将铣床各部分的名称和功能填至表 2-1 指定位置。（字迹要求工整）

表 2-1　铣床主要部分的名称和功能

名　称	功　能
床身	床身是机床的主体，用来安装和连接机床其他部件。床身正面有________导轨，可以引导升降台上下移动。床身顶部有________形水平导轨，用以安装横梁并按需要引导横梁作水平移动。床身内部装有________和主轴变速机构。
	该机构安装在________内，其功用是将主电动机的额定转速通过齿轮变速，变换成________种不同转速，传递给主轴，以适应铣削需要。
	它是一前端带锥孔的________轴，锥孔的锥度为________，用来安装铣刀刀杆和铣刀。主电动机输出的回转运动，经主轴变速机构驱动主轴连同铣刀一同旋转，现实________。
横梁	可沿床身顶部燕尾形导轨移动，并可按需要调节其伸出长度，其上可安装挂架。
挂架	用以________刀杆的外端，增强刀杆刚度。
	用以安装需用的铣床________和________，带动工件实现纵向进给运动。
	用来带动工作台实现横向进给运动。横向溜板与工作台之间设有回转盘，可以使工作台在水平面内________范围内扳转。
	用来________横向溜板和工作台，带动工作台________、________移动。其内部装有进给电动机和进给变速机构。
	用来________和________工作台的进给速度，以适应铣削需要。
底座	用来支承床身，承受铣床全部重量，盛储________。
	用来带动工作台实现上下进给运动。
	是机床的本体。

尽职，尽责，尽心，尽力，尽善，尽美。

<table>
<tr><td rowspan="3">工作页</td><td rowspan="3">项目二　铣工基础</td><td colspan="2">班级：</td><td>姓名：</td></tr>
<tr><td>学号：</td><td>日期：</td><td>页码：2-4</td></tr>
<tr><td colspan="3">学习领域：铣削加工技术</td></tr>
</table>

2．铣刀的认知

铣刀按不同的加工内容有不同的类型。识读表 2-2 所示铣刀，并填写名称。

表 2-2　铣刀的认知

用途	名　称	铣刀图示	铣削示例
铣削平面用铣刀		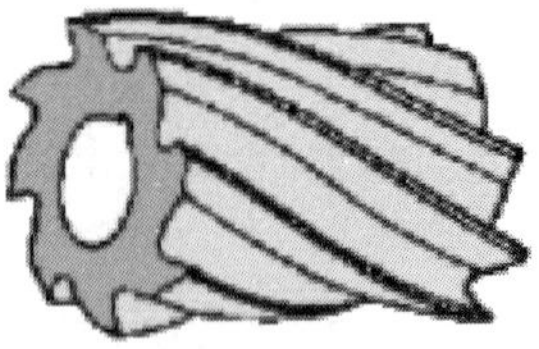	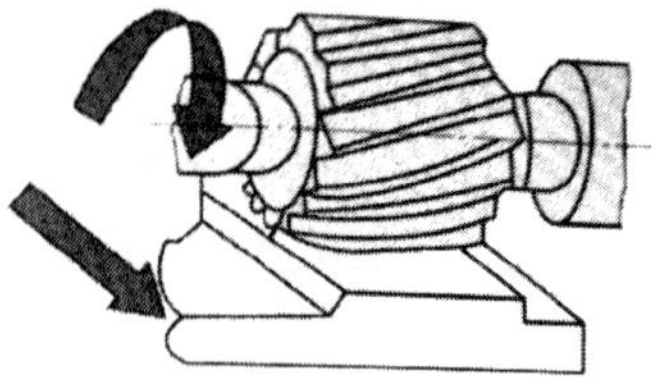
			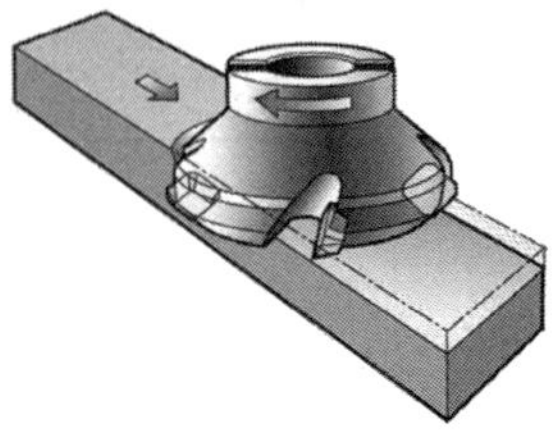
铣削直角沟槽和阶台用铣刀			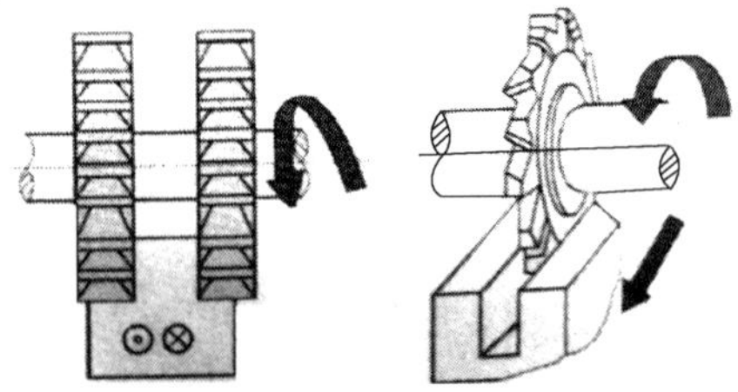
		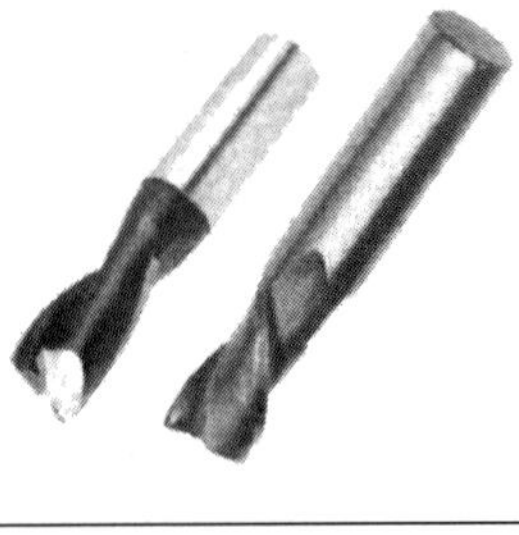	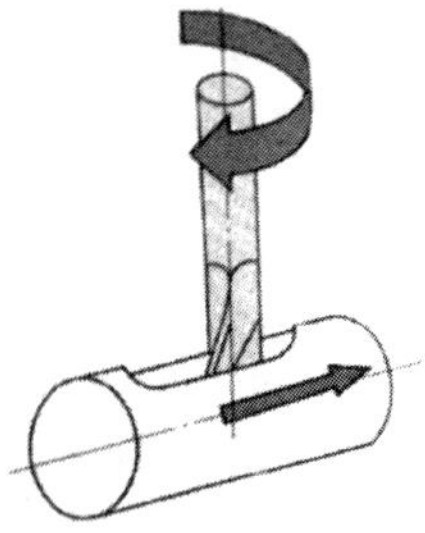
			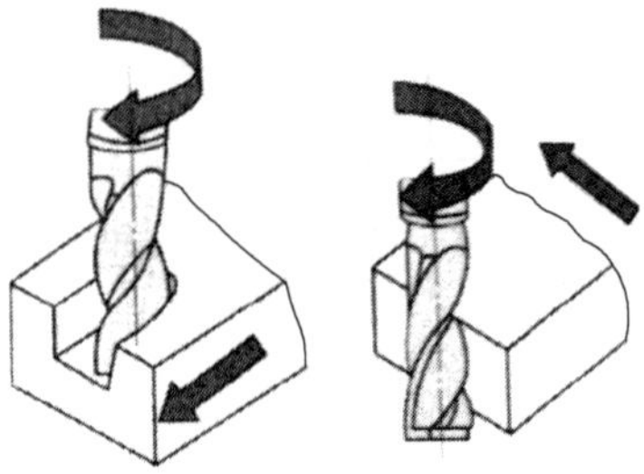

有德，有技，有为，有果。

工作页	项目二　铣工基础	班级：		姓名：
		学号：	日期：	页码：2-5
		学习领域：铣削加工技术		

用途	名　称	铣刀图示	铣削示例
切断及铣削窄槽用铣刀			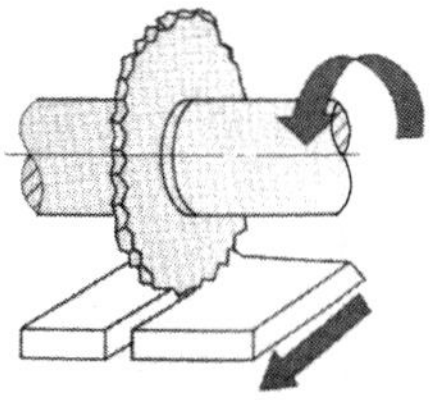
铣削特型沟槽用铣刀		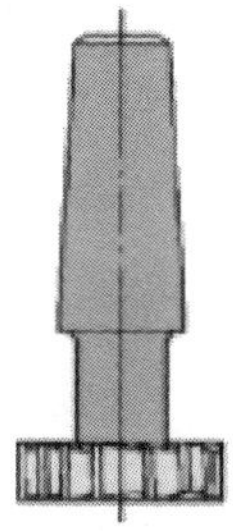	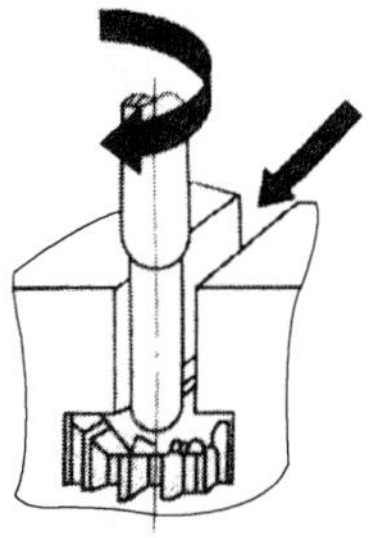
		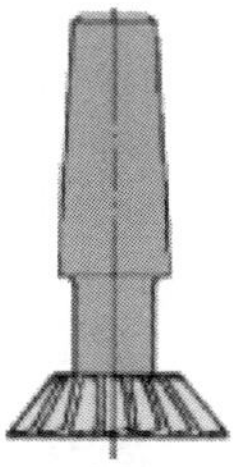	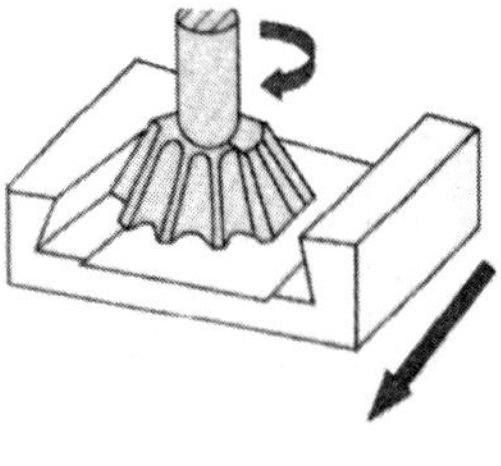
		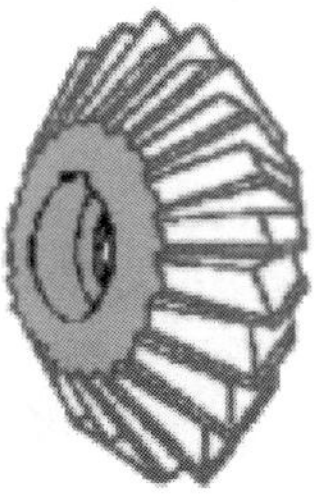	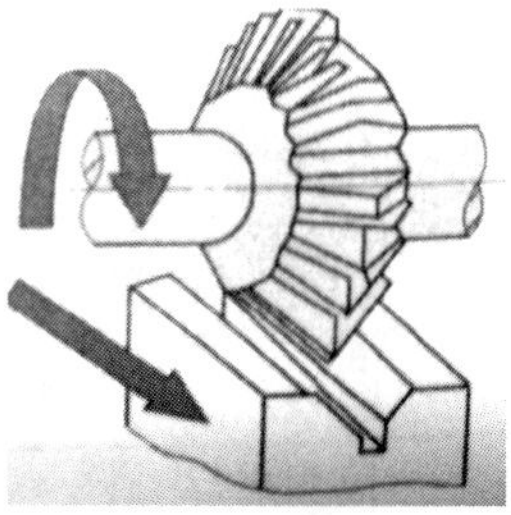
铣削特型面用铣刀			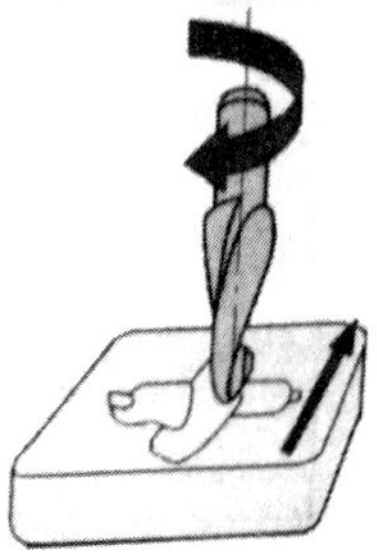

专于职，勤于工，敬于业，精于技。

工作页	项目二　铣工基础	班级：		姓名：
		学号：	日期：	页码：2-6
		学习领域：铣削加工技术		

3．铣床常用附件的认知（将正确答案填写在表 2-3 对应位置）

表 2-3　铣床附件

名　称	图　示	作　用	应用示例
	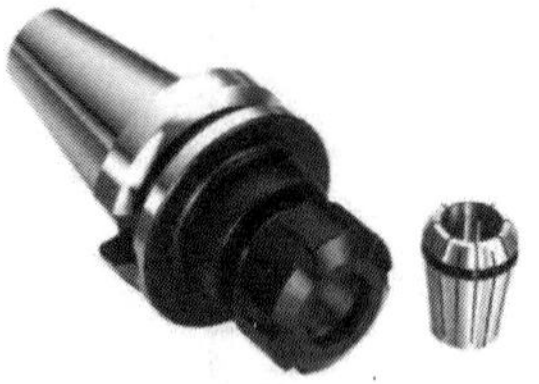		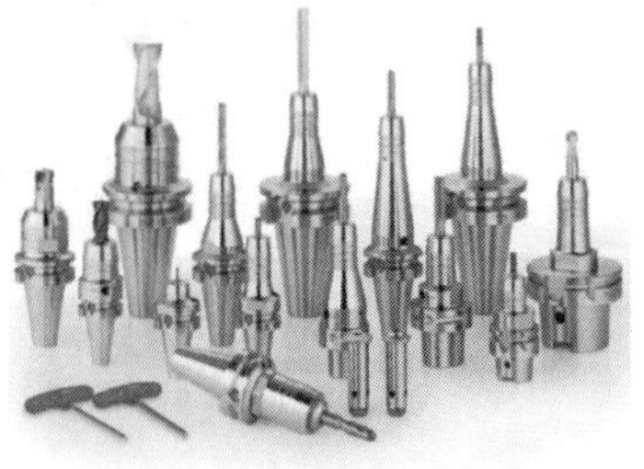
	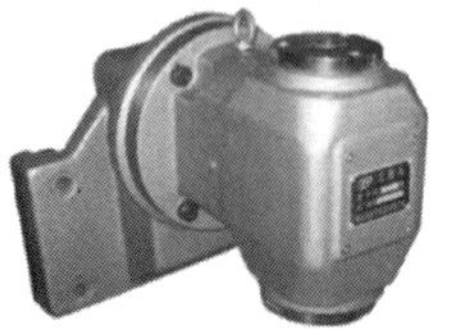		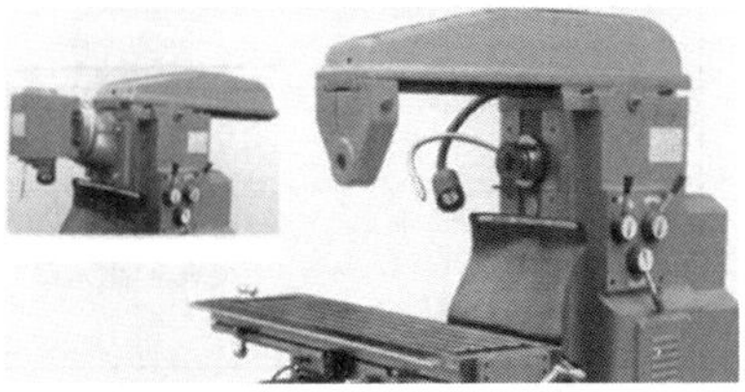
	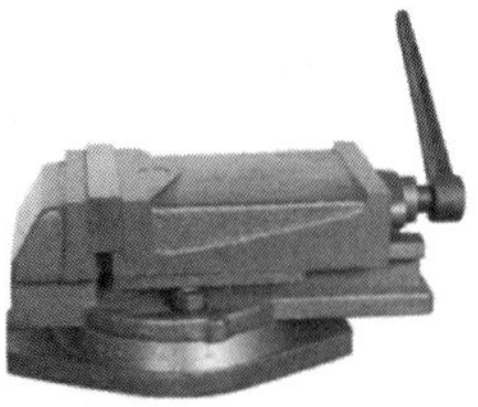		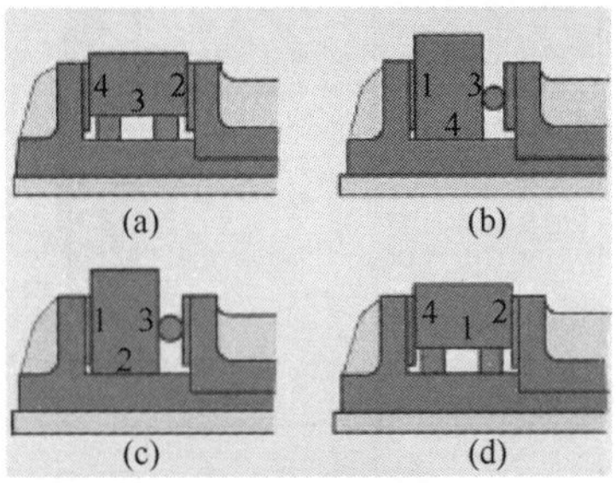4 3 2 (a) 1 3 4 (b) 1 3 2 (c) 4 1 2 (d)
	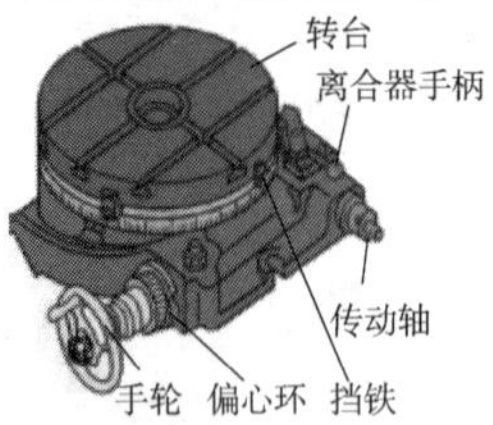转台 离合器手柄 传动轴 手轮 偏心环 挡铁		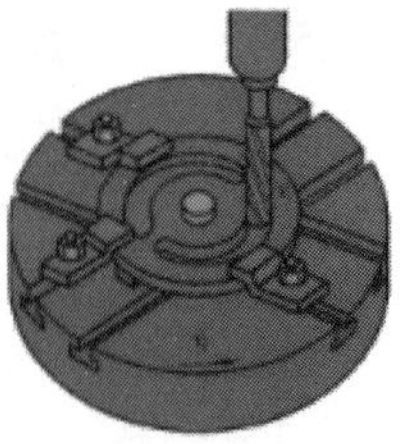
	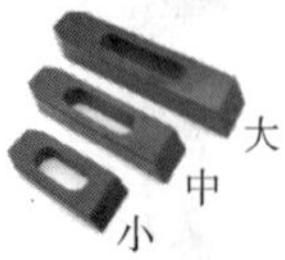大 中 小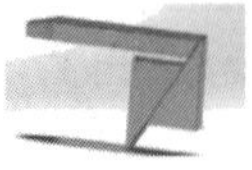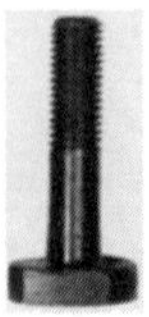		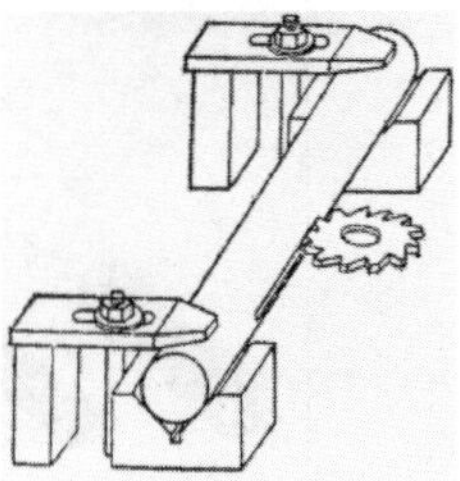

勤于学习，善于协作，勇于创新，乐于奉献。

<table>
<tr><td rowspan="3">工作页</td><td rowspan="3">项目二　铣工基础</td><td colspan="2">班级：</td><td>姓名：</td></tr>
<tr><td>学号：</td><td>日期：</td><td>页码：2-7</td></tr>
<tr><td colspan="3">学习领域：铣削加工技术</td></tr>
</table>

4．问题分析

在工作过程中你遇到了哪些问题?

温馨提示

（1）绝对禁止 2 人或 2 人以上同时操作设备。

（2）主轴旋转的过程中不允许变速。

（3）手动进给与机动进给不能同时操作。

完成以上内容，请与老师沟通。

爱企敬业，克难攻坚。重知传技，创新争光。

工作页	项目二　铣工基础	班级：		姓名：
		学号：	日期：	页码：2-8
		学习领域：铣削加工技术		

纠错

教师过程纠错及 6S 点评。

结果

1. 自我评价

□了解铣床的结构　　□不了解

□能够说出铣床各部分名称　　□不能够说出

□能够说出铣刀名称　　□不能够说出

□工作页已完成并提交　　□工作页未完成　原因：__________

2. 教师评价

（1）工作页：

□已完成并提交

□未完成　未完成原因：__________________

（2）6S 评价：

□工具摆放整齐　　□工位清理干净　　□安全生产

教师签字：　　　　日期：

黑发不知勤学早，白首方悔读书迟。

<table>
<tr><td rowspan="3">工作页</td><td rowspan="3">项目二　铣工基础</td><td colspan="2">班级：</td><td>姓名：</td></tr>
<tr><td>学号：</td><td>日期：</td><td>页码：2-9</td></tr>
<tr><td colspan="3">学习领域：铣削加工技术</td></tr>
</table>

温馨提示

可以将学习重点、难点、感悟、反思记录在此，方便自己记忆、理解、深度思考和复习。

古之立大事者，不惟有超世之才，亦必有坚忍不拔之志。

<table>
<tr><td rowspan="3">工作页</td><td rowspan="3">项目三　铣床操作</td><td colspan="2">班级：</td><td>姓名：</td></tr>
<tr><td>学号：</td><td>日期：</td><td>页码：3-1</td></tr>
<tr><td colspan="3">学习领域：铣削加工技术</td></tr>
</table>

教学目标

- 掌握铣床启动过程、变换转速、变换进给。
- 掌握手动工作台移动、机动工作台移动及刻度盘的使用。
- 掌握刀具安装方法。
- 了解铣床维护与保养知识。
- 能与他人有效沟通与合作。

导入

作为企业的“新员工”，在上岗前企业要针对每个人的岗位进行岗前培训。所有学员要在老师的指导下进行铣床操作技术培训。

任务

1. 铣床基本操作。
2. 刀具安装。
3. 铣床维护与保养。

行动

1. 铣床基本操作（根据老师的讲解将正确的答案填写至横线处）

（1）铣床启动前的要求：

① 铣床启动前，应检查各________是否松动或是否有破损。

② 铣床启动前，________和________是否正确。

③ 铣床启动前，________是否锁紧。

④ 铣床启动前，各进给手柄都要处于______状态。

（2）铣床启动——开启电源开关，如图 3-1 所示。

图 3-1　开启电源开关

① 开启设备时，将铣床侧边的________色旋钮打开至________状态，即为通电；将铣床侧边的________色旋钮打开至________状态，即为断电。

② 急停按钮的作用是________。

锲而舍之，朽木不折；锲而不舍，金石可镂。

<table>
<tr><td rowspan="3">工作页</td><td rowspan="3">项目三　铣床操作</td><td colspan="2">班级：</td><td colspan="2">姓名：</td></tr>
<tr><td>学号：</td><td colspan="2">日期：</td><td>页码：3-2</td></tr>
<tr><td colspan="4">学习领域：铣削加工技术</td></tr>
</table>

（3）铣床启动——变换主轴转速，如图 3-2 所示。

① 手握变速手柄球部下压，使其定位的榫块________固定环的槽 1 位置。

② 将手柄向________推出，使其定位的榫块送入到固定环的槽 2 内，手柄处于脱开的位置 1，转动转速盘，将所选择的________对准________。

③ 下压手柄，使其定位的榫块________固定环的槽 2 位置并快速推至位置 1，即可接合手柄。

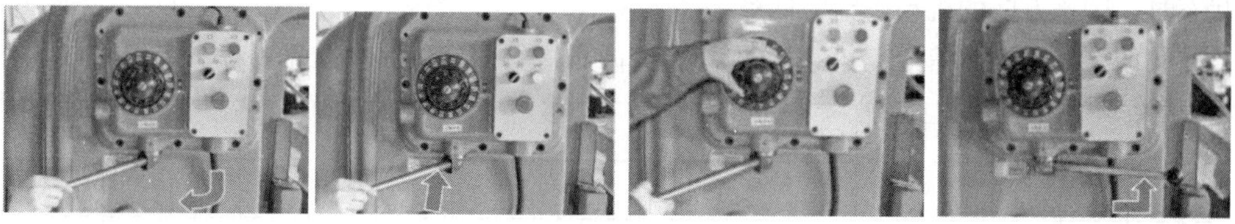

图 3-2　变换主轴转速

④ 如果目前转速是 30 r/min，现需调整转速为 475 r/min，请叙述其操作过程。

（4）铣床启动——变换进给速度，如图 3-3 所示。

① 向________拉出进给变速手柄。

② 转动________手柄，带动进给速度盘转动。将进给速度盘上选择好的________的值对准________置。

③ 将变速手柄推回________，即可完成进给变速的操作。

图 3-3　变换进给速度

④ 如果目前进给量是 115 mm/min，现需调整进给量为 150 mm/min，请写出其过程。

一日一钱，千日千钱；绳锯木断，水滴石穿。

工作页	项目三　铣床操作	班级：		姓名：
		学号：	日期：	页码：3-3
		学习领域：铣削加工技术		

（5）铣床启动——进给动作。

① 如图 3-4 所示，纵向机动进给手柄有三个位置，即________、________和________。

② 如图 3-5 所示，横向和垂直方向机动进给手柄有五个位置，即________、________、________、________和________。

③ 当机动进给手柄与进给方向垂直状态时，机动进给是________。若机动进给手柄处于倾斜状态时，则该方向的机动进给手柄被________。

④ 如果纵向进给手柄处于停止，现向左或向右进给，请叙述其操作过程。

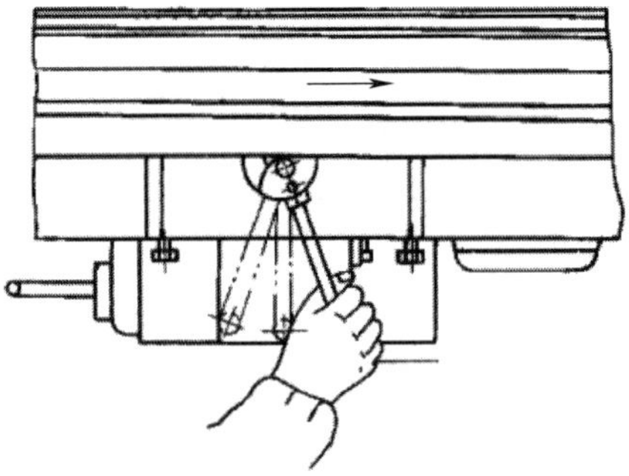

图 3-4　纵向进给

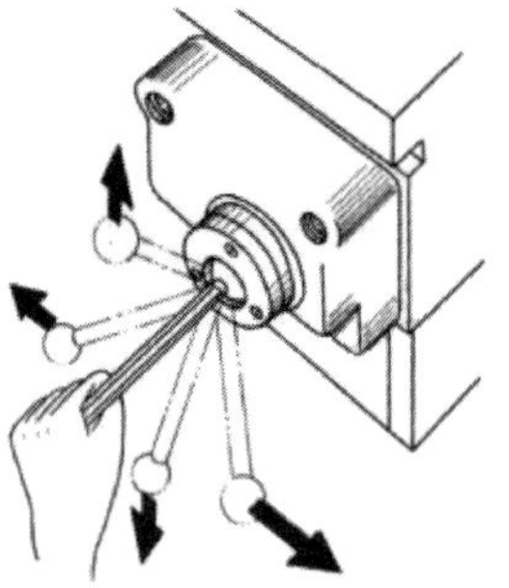

图 3-5　横向和垂直进给

2．根据图 3-6 填写铣刀的安装要求

（1）铣刀安装前，先选择合适的________。

（2）将________安装在弹簧夹套内，注意刀具露出的长度要符合加工要求。

（3）把________和________放入内孔为“莫氏”4 号的中间套筒内，在拉紧螺杆拉紧弹簧夹头的同时，会把铣刀________。

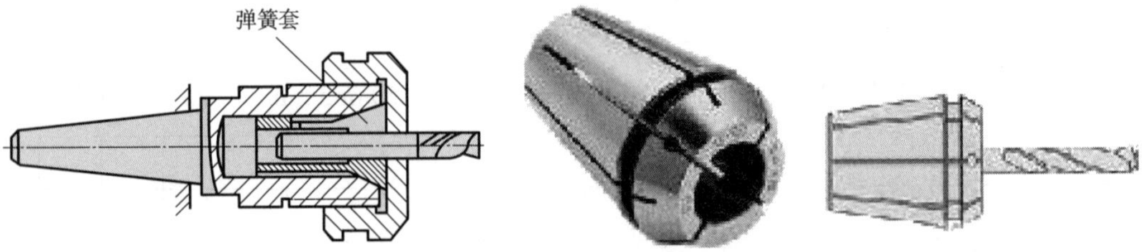

图 3-6　直柄铣刀的安装

一寸光阴一寸金，寸金难买寸光阴。

工作页	项目三　铣床操作	班级：		姓名：
		学号：	日期：	页码：3-4
		学习领域：铣削加工技术		

3．铣床维护与保养的认知

（1）熟悉铣床润滑操作步骤：

机床在使用过程中会产生大量的热量，如不进行润滑会造成机床磨损、操作困难等，所以每次开机前都要对机床进行润滑，并按照机床说明书定期对机床进行维护和保养。阅读表 3-1，掌握铣床润滑的步骤，填写相关内容。

表 3-1　铣床润滑

操作步骤	图　示
班前班后采用________对工作台纵向丝杠和螺母、导轨面、横向溜板导轨等注油润滑。	
	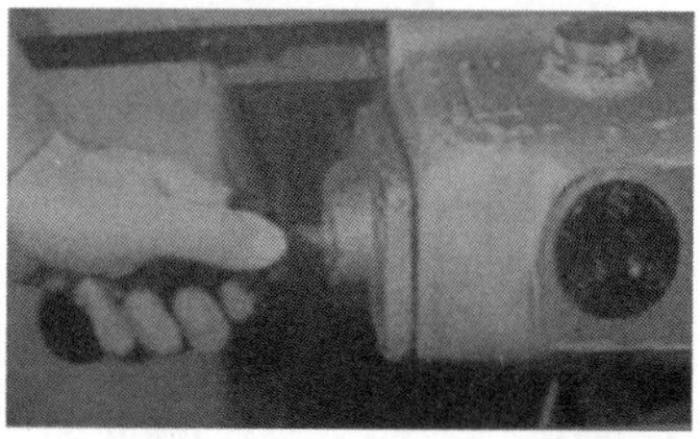
铣床启动后，应检查各处________是否甩油。铣床的主轴变速箱和进给变速箱均采用自动润滑，即可在________示润滑情况。若油位低于________即为缺油，应立即加油。	
工作结束后，擦净铣床，然后对工作台纵向丝杠两端轴承、垂直导轨面、挂架轴承等采用________润滑。	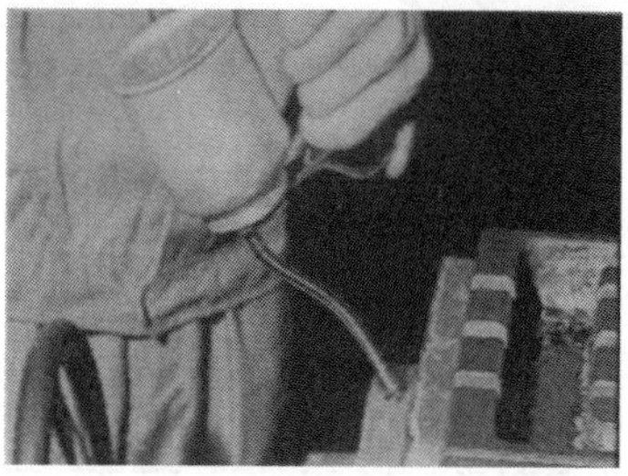

放弃时间的人，时间也会放弃他。

<table>
<tr><td rowspan="3">工作页</td><td rowspan="3">项目三　铣床操作</td><td colspan="2">班级：</td><td>姓名：</td></tr>
<tr><td>学号：</td><td>日期：</td><td>页码：3-5</td></tr>
<tr><td colspan="3">学习领域：铣削加工技术</td></tr>
</table>

（2）铣床操作练习：

① 安全自检：

你在开始操作前做好安全准备了吗？请对照表 3-2 进行安全自检，并将结果记录在表中。

表 3-2　安全自检

自 检 问 题	记　录
工作服穿好了吗？	是□　否□
手套及饰品都摘掉了吗？	是□　否□
知道急停按钮是哪个吗？	是□　否□
知道怎样切断铣床的电源吗？	是□　否□

② 学生操作练习：

每人分别按表 3-3 的操作内容进行铣床基本操作练习，由小组其他成员判断其操作正确性，并将结果记录在表中。

表 3-3　铣床基本操作

操 作 内 容	记　录
认知铣床各润滑点位置，并对铣床注油润滑，按“启动”按钮，使主轴回转 3 ～ 5 min，检查油窗是否甩油	正确□　错误□
认知铣床电源开关、冷却泵开关，在低速的情况下对铣床进行“启动”和“停止”操作练习	正确□　错误□
熟悉铣床各进给方向手柄的刻度盘。做各方向的手动操作练习，使工作台在纵向、横向和垂直方向分别移动 4 mm、5 mm、8 mm、3 mm、4 mm、6 mm。 能掌握消除工作台丝杠和螺母之间传动间隙对移动尺寸的影响的方法	正确□　错误□
熟悉铣床主轴变速机构的组成。做主轴变速操作练习 1 ～ 3 次，控制在低速，如 30 r/min、750 r/min、1 500 r/min	正确□　错误□
熟悉铣床进给变速机构的组成。做进给变速操作练习 1 ～ 3 次，控制在低速，如 23.5 mm/min、60 mm/min、150 mm/min	正确□　错误□
熟悉铣床各机动进给操作位置。按“启动”按钮，使主轴回转，使工作台在低速状态下分别做纵向、横向、垂直方向的机动进给，停止工作台进给，再停止主轴回转	正确□　错误□

不经一番寒彻骨，怎得梅花扑鼻香。

<table>
<tr><td rowspan="3">工作页</td><td rowspan="3">项目三　铣床操作</td><td colspan="2">班级：</td><td>姓名：</td></tr>
<tr><td>学号：</td><td>日期：</td><td>页码：3-6</td></tr>
<tr><td colspan="3">学习领域：铣削加工技术</td></tr>
</table>

4. 问题分析

（1）在变换主轴转速时，变速手柄不能将其榫块送入固定环的槽 1 位置时怎么办？

（2）在变换进给速度时，蘑菇手柄不能推回原位时怎么调整？

（3）急停按钮的作用是什么？什么时候使用？

（4）工作中你还遇到了哪些问题？你是怎么解决的？

温馨提示

（1）绝对禁止 2 人或 2 人以上同时操作设备。

（2）变速时由于电动机启动电流很大，最好不要频繁变速，中间的间隔时间不少于 5 min。主轴未停止严禁变速。

（3）手动进给与机动进给不能同时操作。

（4）换刀时将主轴转速变为最低转速。

完成以上内容，请与老师沟通。

志当存高远。

工作页	项目三　铣床操作	班级：		姓名：
		学号：	日期：	页码：3-7
		学习领域：铣削加工技术		

纠错

1. 学生工作演示。
2. 教师过程纠错及6S点评。

结果

1. 自我评价

□能够变换主轴转速　□不会变换主轴转速
□能够变换铣床进给速度　□不会变换铣床进给速度
□能够启动铣床　□不会启动铣床
□能够使用铣床进给　□不会使用
□工作页已完成并提交　□工作页未完成　原因：__________

2. 教师评价

（1）工作页：
□已完成并提交
□未完成　未完成原因__________________

（2）铣床操作：
□已经学会
□未学会　未学会的原因__________________

（3）6S评价：
□工具摆放整齐　□工位清理干净　□安全生产

教师签字：　　　　日期：

书读百遍，其义自见。

<table>
<tr><td rowspan="3">工作页</td><td rowspan="3">项目三　铣床操作</td><td colspan="2">班级：</td><td colspan="2">姓名：</td></tr>
<tr><td>学号：</td><td colspan="2">日期：</td><td>页码：3-8</td></tr>
<tr><td colspan="4">学习领域：铣削加工技术</td></tr>
</table>

温馨提示

可以将学习重点、难点、感悟、反思记录在此，方便自己记忆、理解、深度思考和复习。

业精于勤而荒于嬉，行成于思而毁于随。

工作页	项目四　机用平口钳校正	班级：		姓名：
		学号：	日期：	页码：4-1
		学习领域：铣削加工技术		

教学目标

- 了解平口钳的种类。
- 掌握百分表的使用及读数方法。
- 掌握机用平口钳的安装步骤。
- 掌握平口钳的校正方法。
- 能主动获取有效信息，展示工作成果。

导入

平口钳是铣床上常用装夹工件的附具。铣削零件平面、阶台、斜面和铣削轴类零件的键槽等，都可以用平口钳装夹。当工件采用机用平口钳装夹时，机用平口钳的固定钳口应与工作台移动方向垂直或平行，以保证被加工工件的垂直或平行度。

任务

利用百分表进行平口钳校正。

行动

1．平口钳校正前的准备工作

（1）请在下列方格内书写名称（要求字迹工整）。

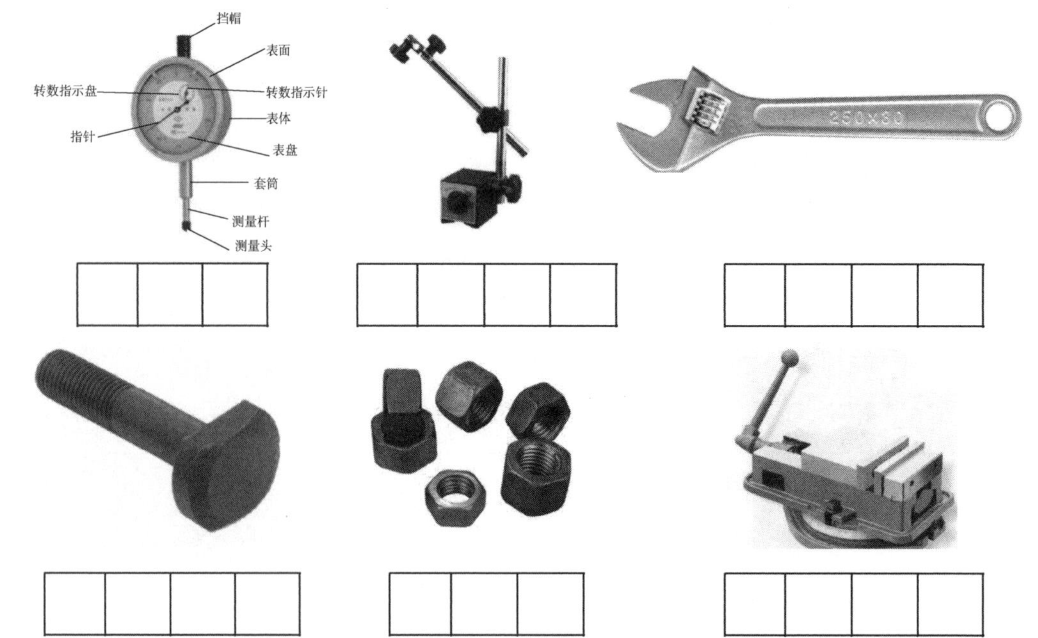

志不强者智不达。

工作页	**项目四　机用平口钳校正**	班级：		姓名：
		学号：	日期：	页码：4-2
		学习领域：铣削加工技术		

（2）根据教师讲解填写下面内容。

① 填写平口钳结构。

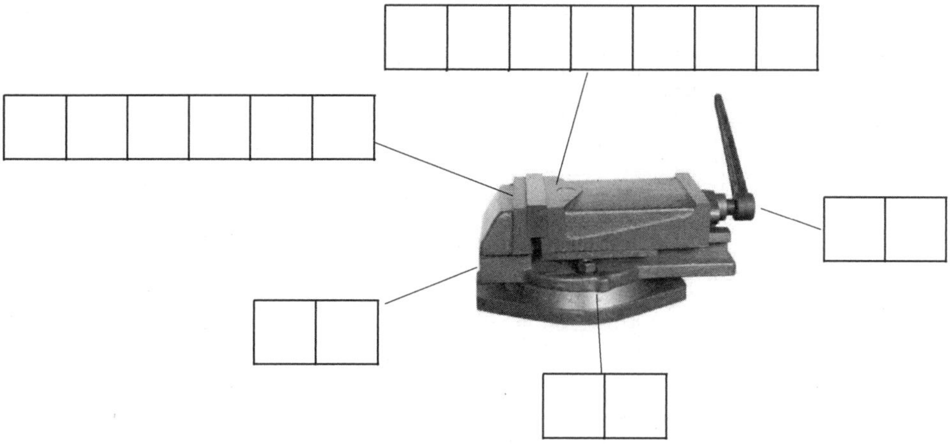

② 铣削零件的________、________、________和铣削轴类零件的键槽等，都可以用平口钳装夹工件。

（3）平口钳的安装步骤。

① 擦拭好机用平口钳________和________。

② 将机用平口钳放至________。

③ 用________把机用平口钳固定在床面上。

（4）机用平口钳找正的操作步骤。

① 安装好平口钳。

② 让百分表与________接触，压力表________距离，移动工作台，观察百分表指针变化，用橡胶锤敲击平口钳侧面，指针变化量为左右两端变化量的________。

③ 将________轮流锁紧，锁紧力________，平口钳可转动。

④ 移动________，观查百分表指针变化，使百分表指针在规定范围内变动即可。

⑤ 将________轮流锁紧。

⑥ 将________离开钳口面，百分表退出平口钳。

勤奋使人成长，懒散使人落后。

工作页	项目四　机用平口钳校正	班级：		姓名：
		学号：	日期：	页码：4-3
		学习领域：铣削加工技术		

2．平口钳校正操作

（1）操作前准备：

你在开始操作前做好安全准备了吗？请对照表 4-1 进行安全自检，并将结果记录在表中。

表 4-1　安全自检

自检问题	记　录
工作服穿好了吗？	是□　否□
手套及饰品都摘掉了吗？	是□　否□
知道急停按钮是哪个吗？	是□　否□
工具准备好了吗？	是□　否□

（2）操作练习：

每人分别按表 4-2 的操作内容进行平口钳操作练习，由小组其他成员判断其操作正确性，并将结果记录在表中。

表 4-2　机用平口钳操作

操作内容	记　录
对铣床注油润滑，按“启动”按钮，使主轴回转 3 ～ 5 min，检查油窗是否甩油	正确□　错误□
铣床急停按钮开关，并确保灵活可用	正确□　错误□
平口钳按照标准已安装在工作台上且固定螺栓已紧固	正确□　错误□
百分表灵活可用	正确□　错误□
操作动作熟练	正确□　错误□
在规定时间内完成操作并符合标准	正确□　错误□

求快不求好，事故常来找。

<table>
<tr><td rowspan="3">工作页</td><td rowspan="3">项目四　机用平口钳校正</td><td colspan="2">班级：</td><td>姓名：</td></tr>
<tr><td>学号：</td><td>日期：</td><td>页码：4-4</td></tr>
<tr><td colspan="3">学习领域：铣削加工技术</td></tr>
</table>

3．问题分析。

在工作过程中你遇到了哪些问题？是如何解决的？

温馨提示

（1）搬动机用平口钳时，一定要注意不要压手，提起重物时脚要远离重物下方。

（2）在使用百分表时要注意轻拿轻放。

（3）在操作过程中注意物品的摆放。

完成以上内容，请与老师沟通。

谦虚使人进步，骄傲使人落后。

<table>
<tr><td rowspan="3">工作页</td><td rowspan="3">项目四　机用平口钳校正</td><td colspan="2">班级：</td><td>姓名：</td></tr>
<tr><td>学号：</td><td>日期：</td><td>页码：4-5</td></tr>
<tr><td colspan="3">学习领域：铣削加工技术</td></tr>
</table>

纠错

1. 学生工作演示。
2. 教师过程纠错及 6S 点评。

结果

1. 自我评价

□了解平口钳的结构	□不了解
□了解百分表的使用方法	□不了解
□掌握机用平口钳的校正方法	□还没有完全掌握机用平口钳的校正方法
□能够完成机用平口钳校正	□还不能完成机用平口钳校正
□工作页已完成并提交	□工作页未完成　原因：__________

2. 教师评价

（1）工作页：

□已完成并提交

□未完成　未完成原因：__________________

（2）平口钳校正：

□已完成

□未完成　未完成的原因：__________________

（3）6S 评价

□工具摆放整齐　　□工位清理干净　　□安全生产

教师签字：　　　　　日期：

知己知彼，百战不殆。

<table>
<tr><td rowspan="3">工作页</td><td rowspan="3">项目四　机用平口钳校正</td><td>班级：</td><td colspan="2">姓名：</td></tr>
<tr><td>学号：</td><td>日期：</td><td>页码：4-6</td></tr>
<tr><td colspan="3">学习领域：铣削加工技术</td></tr>
</table>

温馨提示

可以将学习重点、难点、感悟、反思记录在此，方便自己记忆、理解、深度思考和复习。

质量赢信誉，信誉得效益。

<table>
<tr><td rowspan="3">工作页</td><td rowspan="3">项目五　六面体加工</td><td colspan="2">班级：</td><td>姓名：</td></tr>
<tr><td>学号：</td><td>日期：</td><td>页码：5-1</td></tr>
<tr><td colspan="3">学习领域：铣削加工技术</td></tr>
</table>

教学目标

- 掌握铣床刻度盘的使用并完成零件加工。
- 能正确使用工、量、夹、刃具。
- 能够根据零件图制定加工工艺，填写工艺卡片。
- 能对工件质量进行分析，解决零件报废的原因。
- 全过程 6S 管理。

导入

六面体零件图分析。

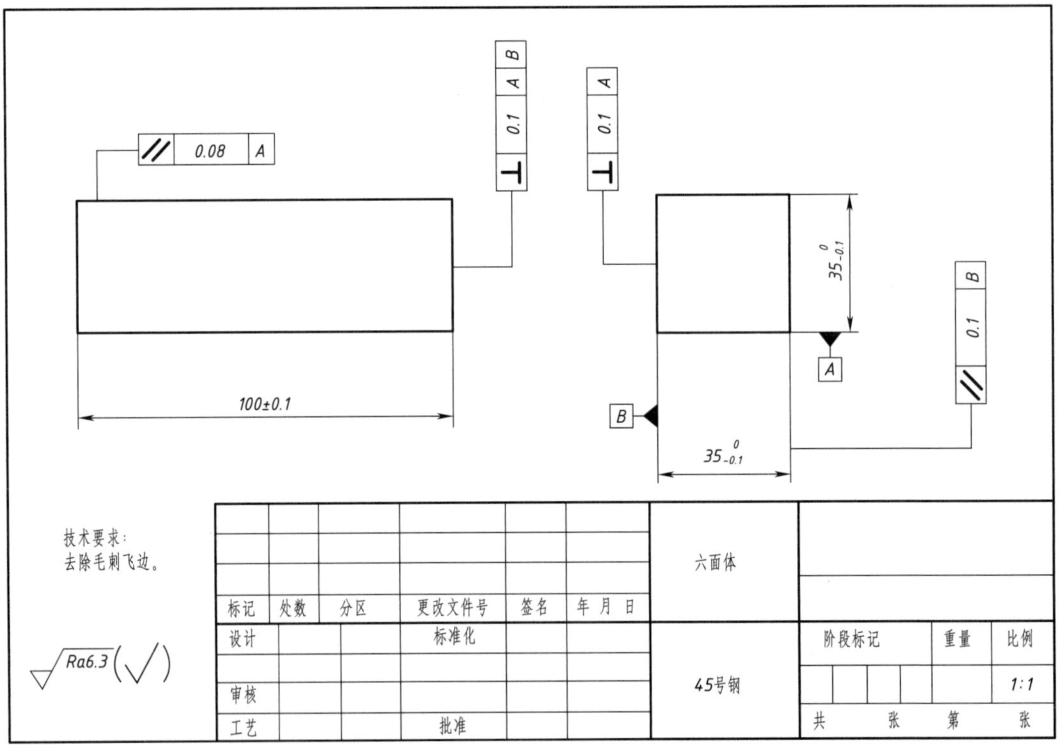

// 0.08 A

⊥ 0.1 A B

⊥ 0.1 A

100±0.1

$35_{-0.1}^{0}$

$35_{-0.1}^{0}$

// 0.1 B

技术要求：
去除毛刺飞边。

Ra6.3 (√)

						六面体			
标记	处数	分区	更改文件号	签名	年 月 日				
设计			标准化			45号钢	阶段标记	重量	比例
									1:1
审核									
工艺			批准				共 张		第 张

工作完成好，精心是尺度。

工作页	项目五　六面体加工	班级：		姓名：
		学号：	日期：	页码： 5-2
		学习领域：铣削加工技术		

任务

完成六面体零件加工。

行动

1. 根据零件图内容将正确的答案填写至横线处。

（1）解释各标注含义：

① 解释 [// | 0.08 | A] 的含义是________________________。

② 解释 [// | 0.1 | B] 的含义是________________________。

③ 解释 [⊥ | 0.1 | A | B] 的含义是________________________。

④ 解释 100 ± 0.1 的含义是________________________。

⑤ 解释 [A]（基准符号）的含义是________________________。

⑥ 解释 $\sqrt{Ra6.3}$ 的含义是________________________。

（2）平面的铣削加工：

① 周铣有________和________两种方式。

② 顺铣是铣削时，铣刀刀齿在切出工件时的切削速度 v_c 方向与工件进给速度 v_f 方向________；逆铣是铣削时，铣刀刀齿在切出工件时的切削速度 v_c 方向与工件进给速度 v_f 方向________。

③ 在切削用量较小（如精铣），工作表面质量要求较高；机床有消除丝杠螺母之间侧隙装置时；对不易夹牢、薄而长的工件；易产生加工硬化的工件应选择________。

④ 铣床上没有消除丝杠螺母之间侧隙装置时；加工工件材料硬度较高时应选择________。

⑤ 铣削用量包括________、________、________、________。

⑥ 平面加工的刀具可以使用________、________。

⑦ 零件平面度用________检测；零件平面度和垂直度用________检测。

⑧ 零件表面粗糙度的检测用________。

产品质量是生产出来的，不是检验出来的。

工作页	项目五　六面体加工	班级：		姓名：
		学号：	日期：	页码：5-3
		学习领域：铣削加工技术		

（3）识读机械加工工序卡片。

六面体加工工序卡			产品型号		零件图号			
			产品名称		零件名称	平行垫铁加工	共　页	第　页
			车间	工序号	工序名称		材料牌号	
			铣工		六面体加工			
			毛坯种类	毛坯尺寸	每毛坯可制件数		每台件数	
			圆料	ϕ60×110	1			
			设备名称	设备型号	设备编号		同时加工件数	
			立式铣床	X5032、X6132				
			夹具编号		夹具名称		切削液	
					平口钳			
			工位器具编号		工位器具名称		工序工时(分)	
							准终	单件

工步号	工步内容	工艺装备	主轴转速/(r/min)	切削速度/(m/min)	进给量/(mm/min)	切削深度/mm	进给次数	工步工时 机动	工步工时 辅助
1	铣削基准面								
2	铣削第二面								
3	铣削第三面								
4	铣削第四面								
5	铣削第五面								
6	铣削第六面								
		设计(日期)	校对(日期)		审核(日期)		标准化(日期)	会签(日期)	

业精于勤，荒于嬉；行成于思，毁于随。

工作页	项目五　六面体加工	班级：		姓名：
		学号：	日期：	页码：5-4
		学习领域：铣削加工技术		

2．零件加工。

（1）填写表5-1中的工、量具清单并领取工、量具。

表5-1　工、量具领用清单

序　号	工、量具名称	规　格	数　量	需　领　用

（2）阅读六面体零件加工的步骤，将表5-2内容补充完整。

表5-2　六面体零件加工步骤

加工步骤	操作要点	图　示
零件装夹	选择较平的面作为粗基准，贴向固定钳口后夹紧。	(a) (b) (c) (d)
面1的铣削	选择________的平行垫铁支承工件，检测毛坯尺寸，将圆棒装夹在平口钳内，装夹工件应________平口钳上平面2～3 mm。铣削时应能加工出基准面而不至于铣伤平口钳钳口。	面1
面2的铣削	以面1为精基准靠向固定钳口并________。装夹工件时应________工件高出钳口的距离，符合要求后进行铣削加工。	面2
面3的铣削	选择合适的平行垫铁支承工件，以________面为基准贴合固定钳口，装夹工件，装夹工件时应计算工件高出钳口的距离，符合要求后进行铣削加工。	面3

精诚所至，金石为开。

工作页	项目五　六面体加工	班级：		姓名：
		学号：	日期：	页码：5-5
		学习领域：铣削加工技术		

加工步骤	操作要点	图　示
面 4 的铣削	选择合适的平行垫铁支承工件，面 1 靠向平行垫铁，面 2 靠向________钳口并________，装夹工件，装夹工件时应计算工件高出钳口的距离，符合要求后进行铣削加工。	面4

（3）检测工件垂直度方法，如图 5-1 和图 5-2 所示。

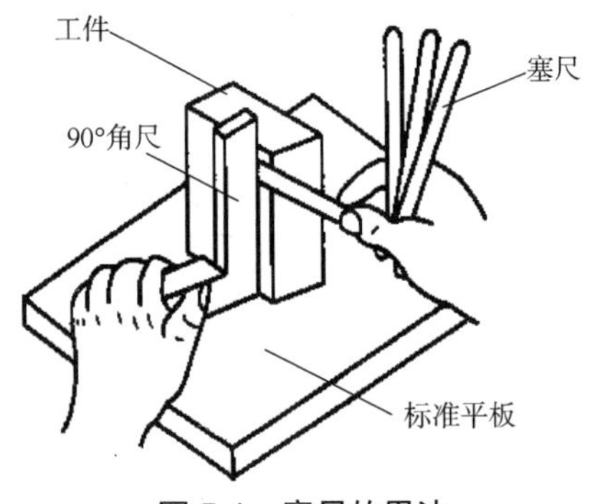

图 5-1　塞尺的用法

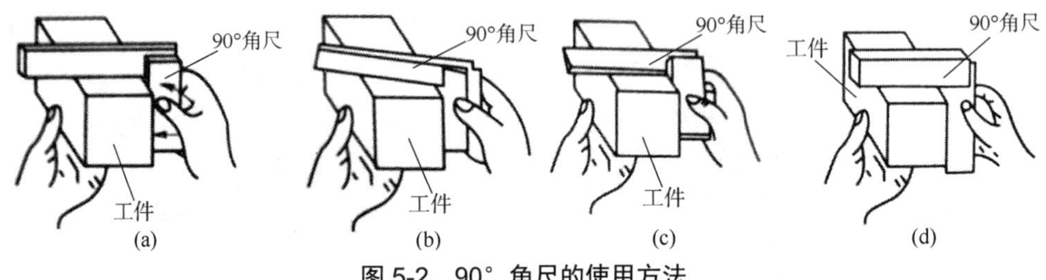

图 5-2　90° 角尺的使用方法

（4）检测工件平行度方法，如图 5-3 所示。

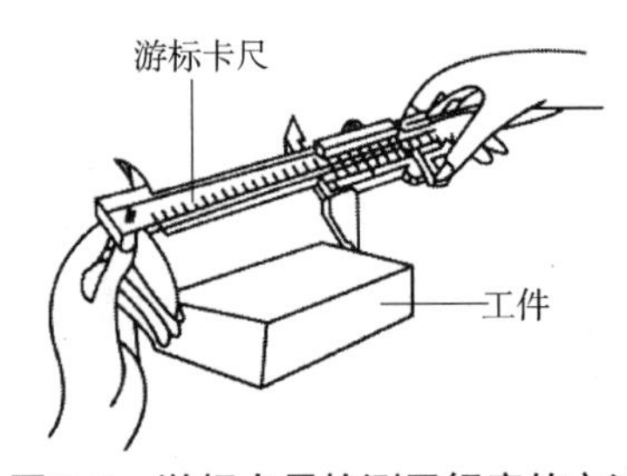

图 5-3　游标卡尺检测平行度的方法

今日事今日毕。

工作页	项目五　六面体加工	班级：		姓名：
		学号：	日期：	页码：5-6
		学习领域：铣削加工技术		

3．问题分析。

（1）零件粗、精加工的目的。

（2）铣削平面时，经常会使用顺铣和逆铣两种铣削方式。阅读表5-3，填写相关内容。

表5-3　顺、逆铣的特点

方式	定　义	图　示	优、缺点
顺铣	铣削时，铣刀对工件的作用力在进给方向上的分力与工件进给方向________的铣削方式。		顺铣时刀齿每次都是从工件外表面切入金属材料，所以不宜用来加工________的工件。
逆铣	铣削时，铣刀对工件的作用力在进给方向上的分力与工件进给方向________的铣削方式。		逆铣时，铣削力的纵向分力的方向与进给力方向使丝杠与螺母能始终保持在螺纹的一个侧面接触，工作台不会________故生产中采用逆铣加工方式的比较多。

（3）本任务铣削平面应采用哪种铣削方式？

温馨提示

（1）零件加工前按要求装夹好工件，确定铣削用量后进行加工。

（2）零件加工时1人操作设备，绝对禁止2人或2人以上同时操作设备。

（3）零件加工时戴好护目镜，不允许戴手套，女同学必须戴工帽，长发置于工帽内。

（4）零件加工时不允许测量工件，不允许用手触摸工件表面，不允许触摸机床旋转部位。

（5）零件加工完毕后及时测量工件，发现问题及时解决。

（6）实训全程6S。

完成以上内容，请与老师沟通。

对于产品的质量来说，不是100分就是0分。

工作页	项目五　六面体加工	班级：		姓名：
		学号：	日期：	页码：5-7
		学习领域：铣削加工技术		

六面体零件考核标准评分表见表5-4。

表5-4　六面体零件考核标准评分表

序号	检测内容	检测项目	评分标准	分值	自评结果	互评结果	师评结果	得分
1	零件加工主要尺寸	100 ± 0.1	超差不得分	10				
2		$35_{-0.1}^{0}$（2处）	超差不得分	20				
3		平行度0.08	超差不得分	5				
4		表面粗糙度 *Ra* 6.3	超差不得分	10				
5		垂直度	超差不得分	5				
6	工艺过程	加工路线	酌情扣除	10				
		机械加工工序卡	符合标准程度	10				
		刀具选用	符合标准程度	5				
		正确进行铣床使用与维护保养	符合标准程度	5				
7	安全文明生产	正确执行安全技术操作规程	符合标准程度	5				
		正确穿戴工作服	符合标准程度	5				
8	职业素养	6S及职业规范	符合标准程度	10				
总分								

质量第一，生产第二。

工作页	项目五　六面体加工	班级：		姓名：
		学号：	日期：	页码：5-8
		学习领域：铣削加工技术		

纠错

1．学生工作演示。

2．教师过程纠错及 6S 点评。

结果

1．自我评价

□工件已按图纸加工并符合要求　□工件没有完成

□零件符合技术标准　□不符合

□零件检测方法操作正确　□不正确

□操作时遵循了 6S 的工作要求　□没遵循

□工作页已完成并提交　□工作页未完成　原因：__________

2．教师评价

（1）工作页：

□已完成并提交

□未完成　未完成原因：__________________

（2）工件：

□已完成并提交

□未完成　未完成原因：__________________

（3）6S 评价：

□工具摆放整齐　□工位清理干净　□安全生产

教师签字：　日期：

天下兴亡，匹夫有责。

工作页	项目五　六面体加工	班级：		姓名：
		学号：	日期：	页码：5-9
		学习领域：铣削加工技术		

温馨提示

可以将学习重点、难点、感悟、反思记录在此，方便自己记忆、理解、深度思考和复习。

做一件事很容易！坚持做一件事很难！

工作页	项目六　四方刀架加工	班级：		姓名：
		学号：	日期：	页码：6-1
		学习领域：铣削加工技术		

教学目标

- 能识读图样和工艺卡，明确加工技术要求和加工工艺。
- 掌握基准面的确定原则及能正确选择基准面。
- 在加工过程中，严格按照铣床操作规程操作，按工步铣削工件；适时检测，保证精度。
- 能按车间现场管理规定，正确放置零件。
- 能主动获取有效信息，展示工作成果，对学习与工作进行总结反思，能与他人合作，进行有效沟通。

导入

零件图分析。

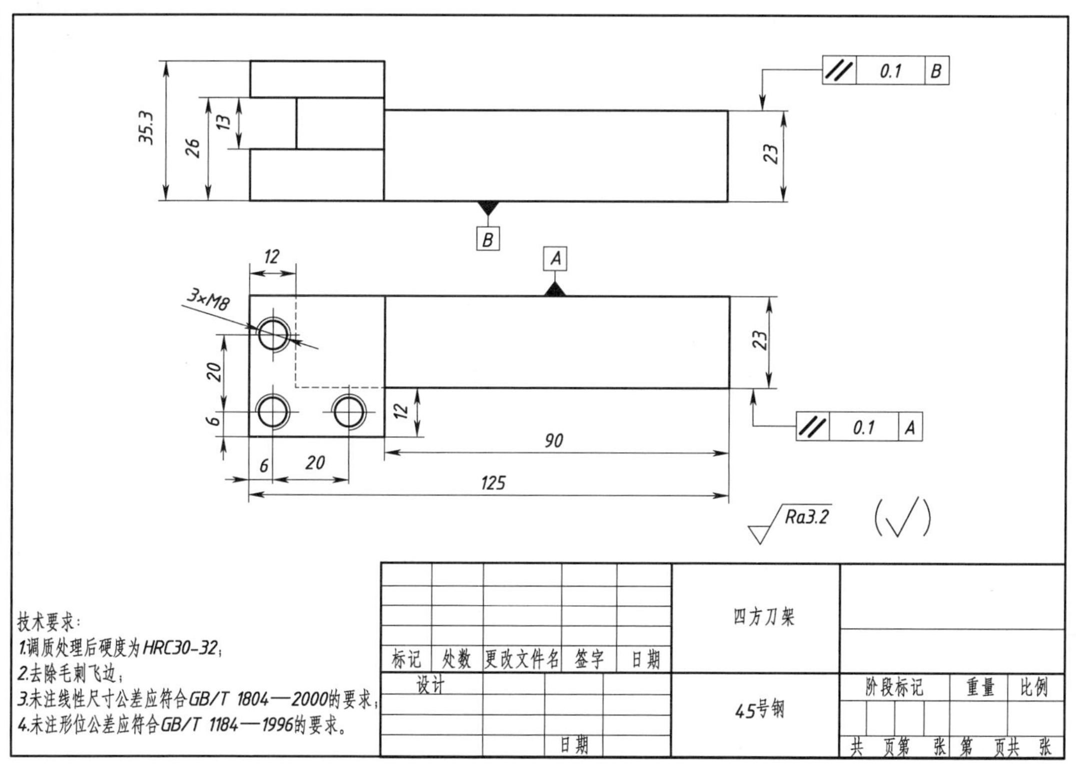

弘扬工匠精神，勇攀质量高峰。

<table>
<tr><td rowspan="3">工作页</td><td rowspan="3">项目六　四方刀架加工</td><td colspan="2">班级：</td><td>姓名：</td></tr>
<tr><td>学号：</td><td>日期：</td><td>页码：6-2</td></tr>
<tr><td colspan="3">学习领域：铣削加工技术</td></tr>
</table>

任务

完成四方刀架零件加工。

行动

1. 根据零件图内容将正确答案填写至横线处。

① 工件定位时，用合理分布的六个支承点与工件的定位基准相接触来限制工件的________，使工件的位置完全确定，称为________。

② 工件定位有________、________、________、________四种。

③ 支承板 3 1 2 限制工件________自由度。

④ 窄 V 形铁 限制工件________自由度。

⑤ 宽 V 形铁或 2 个窄 V 形铁 限制工件________自由度。

⑥“夹紧力”是由力的________、________及________三个要素来体现的。

⑦ 在选择夹紧力的作用方向时，不应破坏工件定位的准确性，夹紧力方向应指向主要的________，使工件压向定位元件的定位面上。

⑧________要适中，并不是越大越好。

⑨ 对加工质量要求高的零件，其加工过程一般应划分为三个阶段，即：________、________、________。

⑩ 用来确定生产对象上几何要素间的几何关系所依据的那些点、线、面，称为________。基准的分类基准分________基准和________基准两大类。

学无止境。

工作页	项目六　四方刀架加工	班级：		姓名：
		学号：	日期：	页码：6-3
		学习领域：铣削加工技术		

2. 识读并填写机械加工工艺过程卡片

零件加工工艺	机械加工工艺过程卡片	产品型号		零件图号		总　页	第　页
		产品名称		零件名称		共　页	第　页

材料牌号		毛坯种类		毛坯外形尺寸		每坯可制件数		每台件数		备注	

	工序号	工序名称	工　序　内　容	车间	工段	设备	工艺装备	工时 准终	工时 单件
描　图									
描　校									
底　图　号									

										设计（日期）	校对（日期）	审核（日期）	标准化（日期）	会签（日期）
装　订　号														
	标记	处数	签字	日期	标记	处数	更改文件号	签字	日期					

勤勤恳恳为工，兢兢业业为匠。

工作页	项目六　四方刀架加工	班级：		姓名：
		学号：	日期：	页码：6-4
		学习领域：铣削加工技术		

机械加工工序卡片

产品型号		零件图号			
产品名称		零件名称		共　页	第　页

车间	工序号	工序名	材料牌号
毛坯种类	毛坯外形尺寸	每坯可制件数	每台件数
设备名称	设备型号	设备编号	同时加工件数

夹具编号	夹具名称	切削液	
	三爪卡盘	乳化液	
工位器具编号	工位器具名称	工序工时	
		准终	单件

工步号	工步内容	工艺装备	主轴转速/(r/min)	切削速度/(m/min)	进给量/(mm/r)	背吃刀量/mm	进给次数	工步工时 机动	工步工时 辅助

										设计	审核	标准化	会签
标记	处数	更改文件号	签字	日期	标记	处数	更改文件号	签字	日期				

描图

描校

底图号

装订号

日积月累，积少成多。

工作页	项目六　四方刀架加工	班级：		姓名：
		学号：	日期：	页码：6-5
		学习领域：铣削加工技术		

机械加工工序卡片		产品型号		零件图号			
		产品名称		零件名称		共　页	第　页
车间		工序号		工序名		材料牌号	
毛坯种类		毛坯外形尺寸		每坯可制件数		每台件数	
设备名称		设备型号		设备编号		同时加工件数	
夹具编号		夹具名称	三爪卡盘	切削液	乳化液		
工位器具编号		工位器具名称		工序工时 准终		工序工时 单件	

3×M8　20　6　6　20

工步号	工步内容	工艺装备	主轴转速/(r/min)	切削速度/(m/min)	进给量/(mm/r)	背吃刀量/mm	进给次数	工步工时 机动	工步工时 辅助

描图	描校	底图号	装订号						
标记	处数	更改文件号	签字	日期	标记	处数	更改文件号	签字	日期
设计	审核	标准化	会签						

不以规矩，不能成方圆。

工作页	项目六　四方刀架加工	班级：		姓名：
		学号：	日期：	页码：6-6
		学习领域：铣削加工技术		

3. 零件加工。

（1）填写表6-1所需工、量具清单并领取工、量具。

表6-1　工、量具领用清单

序　号	工、量具名称	规　格	数　量	需　领　用

（2）阅读表6-2四方刀架零件加工的步骤。

表6-2　四方刀架零件加工步骤

操作步骤		操作要点	图　示
工作前的准备		① 检查机床进给方向的停止挡铁是否在限位柱范围内，是否牢靠，然后完成机床润滑、预热等准备工作。 ② 检查毛坯尺寸 ϕ 50 mm×125 mm，确定加工余量。 ③ 选择合适规格的铣刀。 ④ 调整主轴转速及进给速度。 注意：安装铣刀和变速时要严格按照操作规程进行，以免发生事故。	
四方刀架加工	铣平面、去毛刺	① 将棒料及合适的平行垫铁放入平口钳两钳口之间，调整好位置，轻轻夹紧工件后，用卡尺测量工件上平面，使上平面高出平口钳上平面约10 mm，以免铣削时铣伤钳口，然后夹紧工件。 ② 移动工作台，调整铣刀位置，对刀，移距，自动进给铣削平面1。	
	铣平面、去毛刺	将工件基准面1靠向固定钳口，放入钳口调整好位置，使上平面2高出平口钳上平面约10 mm，然后夹紧工件。移动工作台，调整铣刀位置，对刀,移距,自动进给铣削面2。用锉刀去除毛刺。若各项技术要求合格，卸下工件，进行下一步工作。	
	铣阶台面、去毛刺	① 将基准面1靠向固定钳口，在平口钳钳体导轨面和工件面2之间垫一尺寸合适的垫铁，夹紧工件。 ② 移动工作台，调整铣刀位置，对刀，根据剩余余量上升工作台，自动进给铣削面3，并保证35.3 mm尺寸。 ③ 合格后不卸下工件，继续进行铣削台阶，按照图纸要求保证23 mm、90 mm尺寸。	

独学而无友，则孤陋而寡闻。

工作页	项目六　四方刀架加工	班级：		姓名：
		学号：	日期：	页码：6-7
		学习领域：铣削加工技术		

操作步骤		操作要点	图　示
四方刀架加工	铣阶台面、铣 13 mm×12 mm 沟槽、去毛刺	① 以铣好的阶台面作次要基准贴向固定钳口，基准面1作为主基准，朝下并在其与平口钳钳体导轨面之间垫两块高度相等的平行垫铁，夹紧工件。 ② 移动工作台，调整铣刀位置，对刀，根据剩余余量上升工作台，自动进给铣削面4，并保证35.3 mm尺寸。 ③ 合格后不卸下工件，继续进行铣削台阶，按照图纸要求保证23 mm、90 mm尺寸。 ④ 合格后不卸下工件，继续进行沟槽铣削，按照图纸要求保证26 mm、13 mm、12 mm尺寸。	
	铣 13 mm×12 mm 沟槽	将工件竖直装夹，进行另一侧沟槽铣削，按照图纸要求保证26 mm尺寸及平行度、注意两槽结合处要在一个平面上。	
	划线、钻孔、倒角、去毛刺	按照图纸要求，到钳工区域进行划线工作；到钻床上进行钻孔、倒角工作，完成后做去毛刺处理。	
	攻螺纹，去毛刺	将工件装夹在平口钳上，进行攻螺纹操作，注意丝锥与工件要垂直。	
	热处理	按技术要求。	

温馨提示

① 零件加工时戴好护目镜，不允许戴手套，女同学必须戴工帽。
② 零件加工前按要求装夹好工件，注意基准面的选择，尽可能采用基准统一原则。
③ 精铣前一定要有试切步骤，防止产生废品。
④ 零件在加工过程中受力方向尽可能朝着固定钳口。
⑤ 零件加工中及完毕后及时测量，发现问题及时解决。
⑥ 实训全过程6S。

天行健，君子以自强不息。

工作页	项目六　四方刀架加工	班级：		姓名：
		学号：	日期：	页码：6-8
		学习领域：铣削加工技术		

4. 问题分析。

（1）方刀架加工工艺过程的主要内容有哪些？

（2）分析零件图纸的技术要求时要考虑哪些内容？

（3）铣削加工中零件装夹有哪些需要注意的问题？

（4）计算该零件的材料成本。（45 号钢，单价 5.2 元 /kg）

（5）铣削加工 12 mm × 13 mm 开放式沟槽需注意什么？你计划如何处理？

（6）本次加工中你所应用的关于环境保护的手段有哪些？

完成以上内容，请与老师沟通。

工欲善其事，必先利其器。

工作页	项目六　四方刀架加工	班级：		姓名：
		学号：	日期：	页码：6-9
		学习领域：铣削加工技术		

四方刀架考核标准评分表（见表 6-3）。

表 6-3　四方刀架考核标准评分表

序号	检测内容	检测项目	评分标准	分值	自评结果	互评结果	师评结果	得分
1	零件加工主要尺寸	125	超差不得分	4				
		35.3（2 处）	超差不得分	10				
		23（2 处）	超差不得分	10				
		26	超差不得分	4				
		12（2 处）	超差不得分	6				
		13（2 处）	超差不得分	6				
		孔距（2 处）	超差不得分	4				
		平行度 0.1	超差不得分	3				
		表面粗糙度 $Ra6.3$	超差不得分	3				
2	工艺过程	加工路线	酌情扣除	10				
		机械加工工序卡	符合标准程度	10				
		刀具选用	符合标准程度	5				
		正确进行铣床使用与维护保养	符合标准程度	5				
3	安全文明生产	正确执行安全技术操作规程	符合标准程度	5				
		正确穿戴工作服	符合标准程度	5				
4	职业素养	6S 及职业规范	符合标准程度	10				
总分								

有志者事竟成。

<table>
<tr><td rowspan="3">工作页</td><td rowspan="3">项目六　四方刀架加工</td><td colspan="2">班级：</td><td>姓名：</td></tr>
<tr><td>学号：</td><td>日期：</td><td>页码：6-10</td></tr>
<tr><td colspan="3">学习领域：铣削加工技术</td></tr>
</table>

纠错

1. 学生工作演示。
2. 教师过程纠错及 6S 点评。

结果

1. 自我评价

□工件已按图纸加工并符合要求　　□工件没有完成
□零件符合技术标准　　□不符合
□零件检测方法操作正确　　□不正确
□操作时遵循了 6S 的工作要求　　□没遵循
□工作页已完成并提交　　□工作页未完成　原因：__________

2. 教师评价

（1）工作页：

□已完成并提交
□未完成　未完成原因：__________________

（2）工件：

□已完成并提交
□未完成　未完成的原因：__________________

（3）6S 评价：

□工具摆放整齐　　□工位清理干净　　□安全生产

教师签字：　　　　日期：

如果花一个小时能够做完这件事，那么花两个小时做得更好。

工作页	项目六　四方刀架加工	班级：		姓名：
		学号：	日期：	页码：6-11
		学习领域：铣削加工技术		

温馨提示

可以将学习重点、难点、感悟、反思记录在此，方便自己记忆、理解、深度思考和复习。

满招损，谦受益。

工作页	项目七　压板加工	班级：		姓名：
		学号：	日期：	页码：7-1
		学习领域：铣削加工技术		

教学目标

- 掌握封闭槽的加工方法。
- 掌握斜面的加工方法。
- 了解铣床钻孔方法。
- 能够制定生产流程、确定技术参数并进行必要的计算。

导入

压板零件图分析。

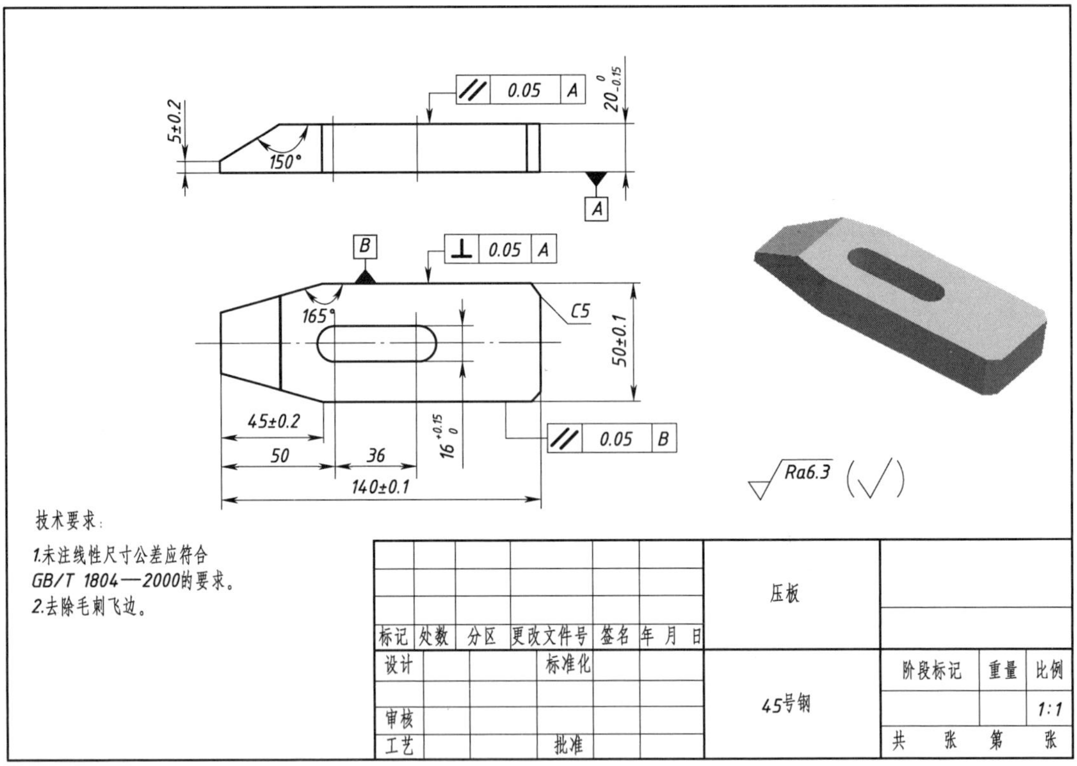

5±0.2　150°　// 0.05 A　$20^{0}_{-0.15}$　A

B　⊥ 0.05 A　165°　C5　50±0.1　45±0.2　50　36　$16^{+0.15}_{0}$　// 0.05 B　140±0.1

Ra6.3 (√)

技术要求：

1.未注线性尺寸公差应符合GB/T 1804—2000的要求。

2.去除毛刺飞边。

						压板	
标记	处数	分区	更改文件号	签名	年 月 日		
设计			标准化			45号钢	阶段标记 / 重量 / 比例 1:1
审核							
工艺			批准				共 张 第 张

今天工作不努力，明天努力找工作。

工作页	项目七　压板加工	班级：		姓名：
		学号：	日期：	页码：7-2
		学习领域：铣削加工技术		

任务

完成压板零件加工。

行动

1. 根据零件图内容将正确的答案填写至横线处。

（1）斜面的铣削方法有________、________和________三种。

（2）由于立铣刀的端面刀刃不通过中心，所以加工封闭直角沟槽时要________。

（3）________主要作用是指导操作工人在生产过程中合理地安装工件，调整和操作设备。

（4）一个（或一组）工人，在一个固定的工作地点（如机床或台钳），对一个或几个工件所连续完成的那部分工艺过程称为________。

（5）连续加工中每次在加工表面切去一层金属的过程称为一次"________"。

（6）麻花钻由________、________和________构成。

（7）钻孔时，应经常退出钻头以________、________，防止切屑堵塞钻头。

（8）直角沟槽有________、________和________三种。

（9）切削液的作用有________、________、________、________。

（10）查阅资料，写出压板常用制造材料和适用场合。

多点沟通，少点抱怨；多点理解，少点争执。

工作页	项目七　压板加工	班级：		姓名：
		学号：	日期：	页码：7-3
		学习领域：铣削加工技术		

2. 识读并填写机械加工工艺过程卡片。

零件加工工艺	机械加工工艺过程卡片	产品型号		零件图号		总　页	第　页
		产品名称		零件名称		共　页	第　页

材料牌号		毛坯种类		毛坯外形尺寸		每坯可制件数		每台件数		备注	

	工序号	工序名称	工序内容	车间	工段	设备	工艺装备	工时	
								准终	单件
描　图									
描　校									
底　图　号									

										设计（日期）	校对（日期）	审核（日期）	标准化（日期）	会签（日期）
装　订　号														
	标记	处数	签字	日期	标记	处数	更改文件号	签字	日期					

严谨思考，严密操作；严格检查，严肃验证。

工作页	项目七　压板加工	班级：		姓名：
		学号：	日期：	页码：7-4
		学习领域：铣削加工技术		

	机械加工工序卡片	产品型号		零件图号			
		产品名称		零件名称		共　页	第　页

车间	工序号	工序名	材料牌号
毛坯种类	毛坯外形尺寸	每坯可制件数	每台件数
设备名称	设备型号	设备编号	同时加工件数

夹具编号	夹具名称	切削液	
	三爪卡盘	乳化液	
工位器具编号	工位器具名称	工序工时	
		准终	单件

工步号	工步内容	工艺装备	主轴转速/(r/min)	切削速度/(m/min)	进给量/(mm/r)	背吃刀量/mm	进给次数	工步工时	
								机动	辅助

	描图		描校		底图号		装订号	

										设计	审核	标准化	会签	
标记	处数	更改文件号	签字	日期	标记	处数	更改文件号	签字	日期					

宁做事前检查，不可事后返工。

工作页	项目七　压板加工	班级：		姓名：
		学号：	日期：	页码：7-5
		学习领域：铣削加工技术		

机械加工工序卡片	产品型号		零件图号			
	产品名称		零件名称		共　页	第　页

车间	工序号	工序名	材料牌号
毛坯种类	毛坯外形尺寸	每坯可制件数	每台件数
设备名称	设备型号	设备编号	同时加工件数

夹具编号	夹具名称	切削液	
	三爪卡盘	乳化液	
工位器具编号	工位器具名称	工序工时	
		准终	单件

	工步号	工步内容	工艺装备	主轴转速/(r/min)	切削速度/(m/min)	进给量/(mm/r)	背吃刀量/mm	进给次数	工步工时	
描图									机动	辅助
描校										
底图号										

											设计	审核	标准化	会签	
装订号															
	标记	处数	更改文件号	签字	日期	标记	处数	更改文件号	签字	日期					

千里之行，始于足下。

<table>
<tr><td rowspan="3">工作页</td><td rowspan="3">项目七　压板加工</td><td colspan="2">班级：</td><td colspan="2">姓名：</td></tr>
<tr><td>学号：</td><td colspan="2">日期：</td><td>页码：7-6</td></tr>
<tr><td colspan="4">学习领域：铣削加工技术</td></tr>
</table>

3. 沟槽的加工方法。

（1）如果采用立铣刀铣削直角沟槽，由于立铣刀中心部分没有切削刃，故需在工件上先钻一落刀孔（见图 7-1）。根据压板图样写出预钻孔的孔径范围________。

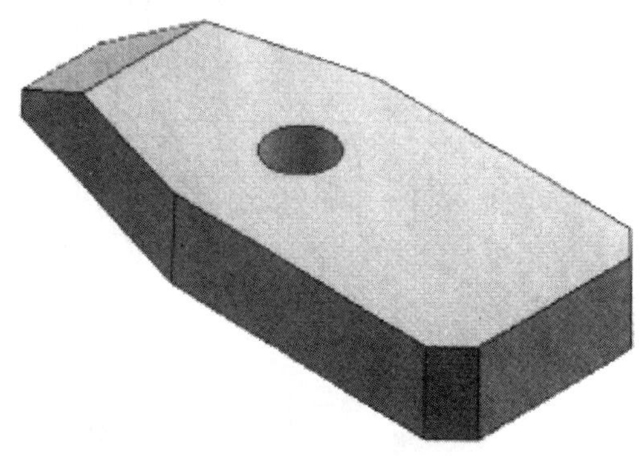

图 7-1　在压板上钻孔

（2）压板直角沟槽的尺寸为：定位尺寸 50 mm、长度尺寸 36 mm、键宽 16 $^{+0.10}_{0}$ mm，且直角沟槽对称于工件中心。请根据图 7-2，简述压板沟槽的粗加工过程（各个尺寸余量应为 1 ~ 2 mm）。

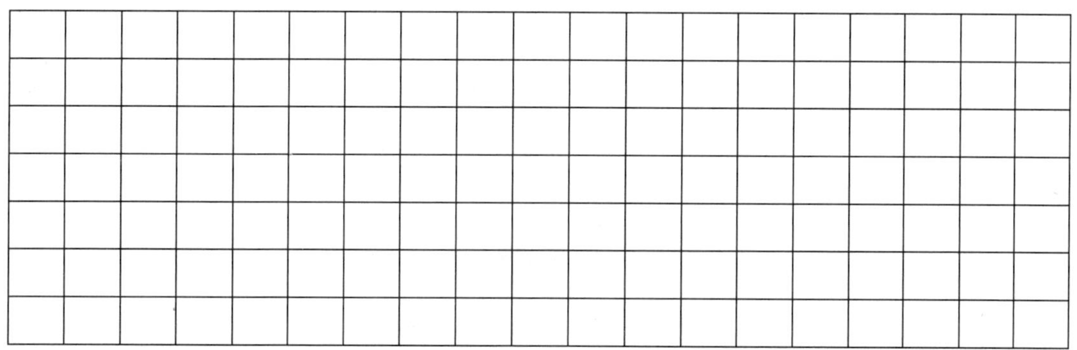

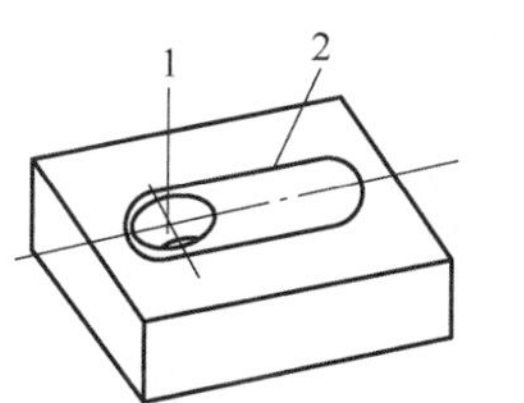

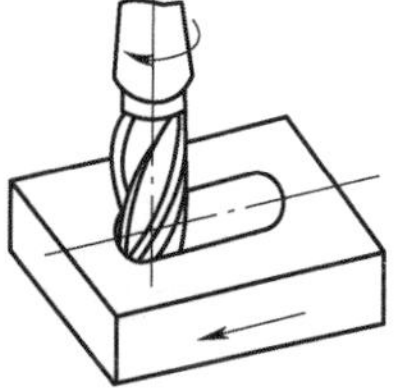

图 7-2　用立铣刀铣封闭槽

三人行，必有我师焉。

<table>
<tr><td rowspan="3">工作页</td><td rowspan="3">项目七　压板加工</td><td colspan="2">班级：</td><td>姓名：</td></tr>
<tr><td>学号：</td><td>日期：</td><td>页码：7-7</td></tr>
<tr><td colspan="3">学习领域：铣削加工技术</td></tr>
</table>

（3）根据图 7-3、图 7-4、图 7-5，简述扩刀铣削法和分层铣削法铣削压板沟槽的精加工过程。

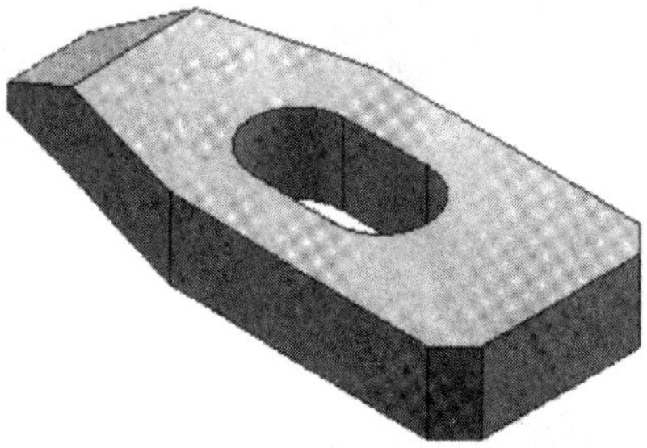

图 7-3　压板直角沟槽精加工

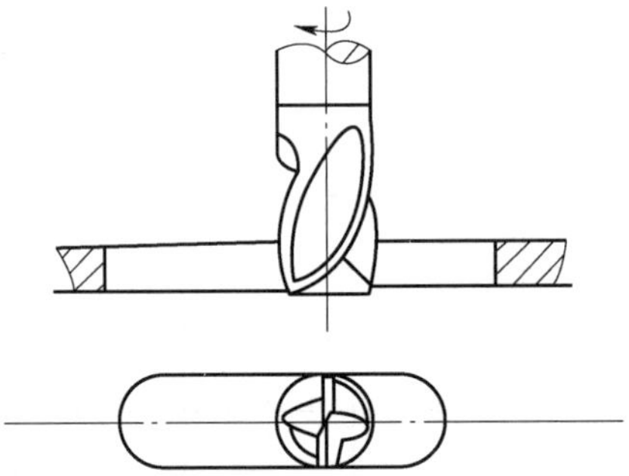

图 7-4　扩刀铣削法示意图

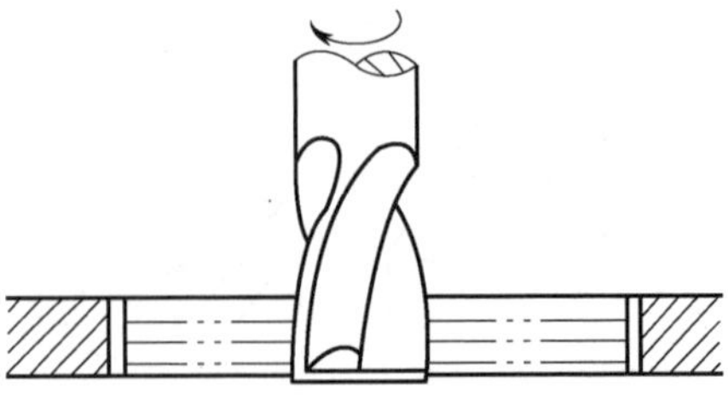

图 7-5　分层铣削法示意图

任重而道远。

工作页	项目七　压板加工	班级：		姓名：
		学号：	日期：	页码： 7-8
		学习领域：铣削加工技术		

（4）采用倾斜工件法装夹工件铣削斜面，填写表 7-1 相关内容。

表 7-1　倾斜装夹工件铣削斜面

安装方法	操作要点	图　示
1	在立式或卧式铣床上，铣刀无法实现转动角度的情况下，可以将工件________所需角度安装进行斜面铣削。在________生产中，常采用划线校正工件的装夹方法实现斜面的铣削。	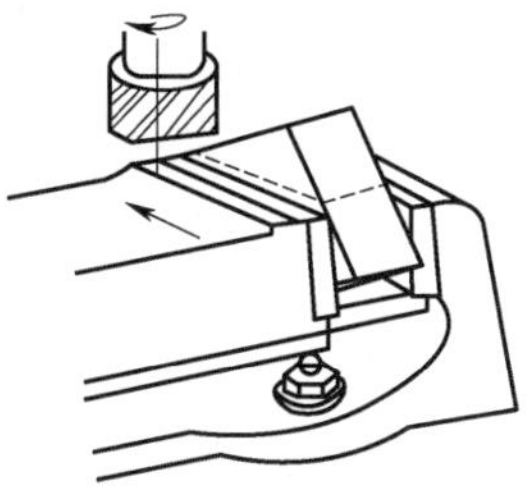
2	利用____装夹工件加工斜面。	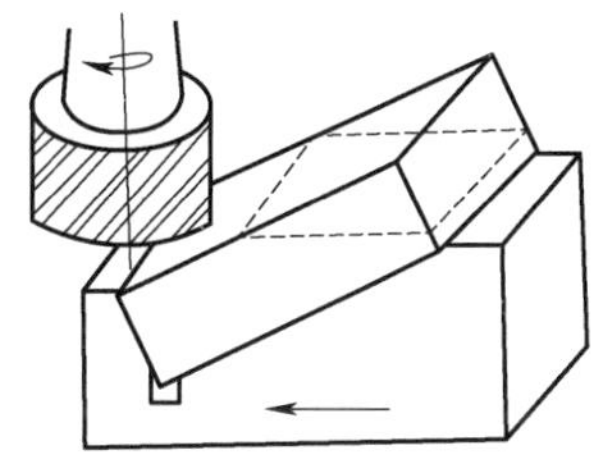
3	利用平口钳钳体________所夹工件的角度也可实现斜面的铣削。安装平口钳时必须要校正固定钳口与主轴轴线的垂直度或________（卧式铣床），也可校正固定钳口与工作台纵向进给方向的________或平行度，然后再按角度要求将钳体转到________上的相应位置，就可以铣削所要的斜面。	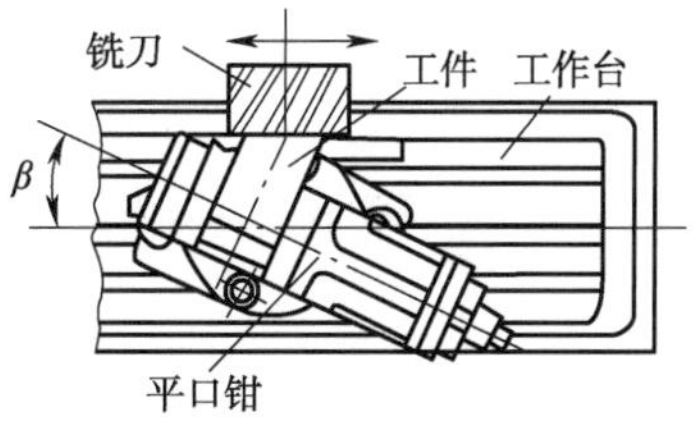 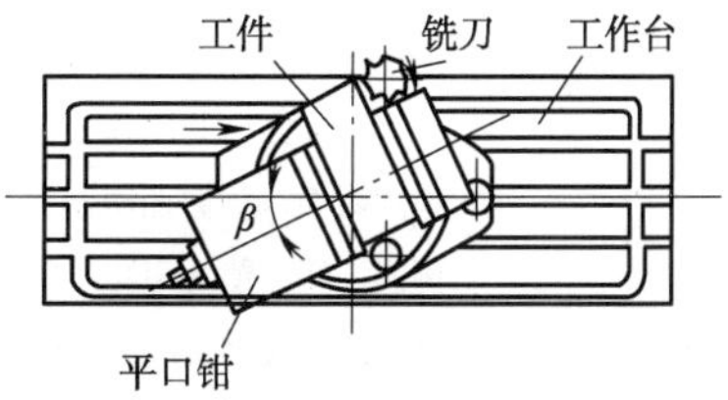

天生我材必有用。

工作页	项目七　压板加工	班级：	姓名：	
		学号：	日期：	页码：7-9
		学习领域：铣削加工技术		

（5）倾斜立铣头法铣削斜面，填写表 7-2 相关内容。

表 7-2　倾斜立铣头铣削斜面

安装方法	操作要点	图　示
1	在立铣头可偏转的立式铣床、装有立铣头的卧式铣床、万能工具铣床上均可将端铣刀、立铣刀按要求偏转一定角度。当基准面 A 与工作台面平行时，采用刀具端面刃铣削斜面，如右图所示，(a) 图为铣床生产实例图，(b) 图为简图，图中 θ 角为工件斜面的倾斜角。写出立铣头所扳转角度 α________。	(a)　(b)
2	当基准面 A 与工作台面平行时，采用圆周刃铣削斜面，如右图所示，(a) 图为铣床生产实例图，(b) 图为简图，图中 θ 角为工件斜面的倾斜角。写出立铣头所扳转角度 α________。	(a)　(b)
3	当基准面 A 与工作台面垂直时，采用圆周刃铣削斜面，如右图所示，(a) 图为铣床生产实例图，(b) 图为简图，图中 α 角为工件斜面的倾斜角。写出立铣头所扳转角度 β________。	(a)　(b)
4	当基准面 A 与工作台面垂直时，采用端面刃铣削斜面，如右图所示，(a) 图为铣床生产实例图，(b) 图为简图，图中 α 角为工件斜面的倾斜角。写出立铣头所扳转角度 β________。	(a)　(b)

要成就一件大事业，必须从小事做起。

工作页	项目七　压板加工	班级：		姓名：
		学号：	日期：	页码： 7-10
		学习领域：铣削加工技术		

（6）采用角度铣刀铣削斜面（见图 7-6），应如何选择角度铣刀？

(a) 单角度铣刀　　(b)双角度铣刀

图 7-6　单角度与双角度铣刀

（7）采用划线的方式铣削斜面，写出压板零件安装、调整及铣削加工过程（见图 7-7 和图 7-8）。

图 7-7　用端铣刀铣削压板斜面

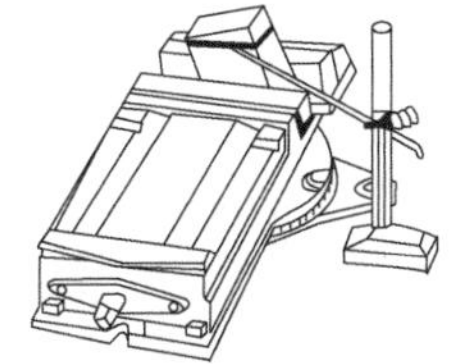

图 7-8　校正划线加工示意图

3. 零件加工。

（1）填写表 7-3 中工、量具清单并领取工、量具。

表 7-3　工、量具领用清单

序　　号	工、量具名称	规　　格	数　　量	需　领　用

不断的奋斗就是走上成功之路。

工作页	项目七　压板加工	班级：		姓名：
		学号：	日期：	页码：7-11
		学习领域：铣削加工技术		

（2）阅读表 7-4 压板零件加工的步骤，填写相关内容。

表 7-4　压板零件加工步骤

操作步骤	操作要点	图　示
加工前准备工作	按操作规程，加工零件前首先要检查各手柄的原始位置是否正常及各进给方向的停止挡铁是否在限位柱范围内，是否牢靠，然后完成机床润滑、准备工作。 检查毛坯尺寸是否充足，去除毛刺。	
压板外形加工	选择和安装铣刀，并调整主轴转速和进给量，利用平口钳装夹，完成各平面的铣削工作。	
铣床钻孔	合理选择钻削转速和进给速度，并选择小于 ϕ16 的钻头在封闭槽 R8 圆心处钻落刀通孔。	1 2
加工封闭槽	采用扩刀铣削法和分层铣削法铣削压板沟槽。	
钳工划线	根据各角度尺寸在工件上划线。	
斜面铣削	（1）选用 ϕ16 立铣刀，主轴转速为 475 r/min，进给量为 75 mm/min。 （2）将工件放入钳口，调整好位置并轻轻夹紧，用划针盘按侧面划线校正，合适后夹紧工件。 （3）移动横向工作台，调整铣刀位置，对刀，移距，分粗、精铣铣出 165° 斜面，并注意保证尺寸 45 mm。 （4）用万能角度尺及游标卡尺检查无误后，拆下工件，用锉刀去除毛刺。 （5）以同样的方法分别铣出其他斜面。	
加工后整理工作	加工完毕后，按照图样要求进行自检，正确放置零件，并进行产品交接确认；按照国家环保相关规定和车间要求，整理现场，正确处置废油液等废弃物。	

温馨提示

① 零件加工时戴好护目镜，不允许戴手套，女同学必须戴工帽。

② 查阅资料并计算、选择铣削用量进行钢件加工。

③ 零件加工前按要求处理好毛刺后装夹工件。

④ 粗铣采用逆铣进行加工，及时加注切削液防止刀具加速磨损。

⑤ 零件加工完毕后及时测量工件，发现问题及时解决。

⑥ 实训全程 6S。

书山有路勤为径，学海无涯苦作舟。

工作页	项目七　压板加工	班级：		姓名：
		学号：	日期：	页码：7-12
		学习领域：铣削加工技术		

4. 问题分析。

（1）如果实际测量值超差，分析产生此加工误差的原因。

（2）简述在实际操作过程中消除尺寸误差的具体操作过程。

（3）根据加工过程并查阅资料，简述加工直角沟槽时的注意事项。

（4）在零件加工过程中你遇到了哪些问题？是如何解决的？

完成以上内容，请与老师沟通。

自检互检，确保品质零缺点。

工作页	项目七　压板加工	班级：		姓名：
		学号：	日期：	页码：7-13
		学习领域：铣削加工技术		

压板加工考核标准评分表（见表 7-5）。

表 7-5　压板加工考核标准评分表

序号	检测内容	检测项目	评分标准	分值	自评结果	互评结果	师评结果	得分
1	零件加工主要尺寸	140±0.1	超差不得分	6				
		$20_{-0.15}^{0}$	超差不得分	6				
		50±0.1	超差不得分	6				
		165°	超差不得分	8				
		45 ±0.2	超差不得分	3				
		150°	超差不得分	5				
		5 ±0.2	超差不得分	5				
		C5（2 处）	超差不得分	4				
		50	超差不得分	3				
		36	超差不得分	3				
		$16_{0}^{+0.115}$	超差不得分	5				
2	几何公差与表面质量	平行度 0.05	超差不得分	2				
		垂直度 0.05	超差不得分	2				
		平行度 0.05	超差不得分	2				
		表面粗糙度 *Ra*6.3	超差不得分	2				
3	工艺过程	加工路线	酌情扣除	5				
		机械加工工序卡	符合标准程度	5				
		刀具选用	符合标准程度	5				
		正确进行铣床使用与维护保养	符合标准程度	5				
4	安全文明生产	正确执行安全技术操作规程	符合标准程度	5				
		正确穿戴工作服	符合标准程度	5				
5	职业素养	6S 及职业规范	符合标准程度	10				
总分								

6S 管理：整理、整顿、清扫、清洁、素养、安全。

<table>
<tr><td rowspan="3">工作页</td><td rowspan="3">项目七　压板加工</td><td colspan="2">班级：</td><td>姓名：</td></tr>
<tr><td>学号：</td><td>日期：</td><td>页码：7-14</td></tr>
<tr><td colspan="3">学习领域：铣削加工技术</td></tr>
</table>

纠错

1. 学生工作演示。
2. 教师过程纠错及 6S 点评。

结果

1. 自我评价

☐工件已按图纸加工并符合要求　　☐工件没有完成
☐零件符合技术标准　　☐不符合
☐零件检测方法操作正确　　☐不正确
☐操作时遵循了 6S 的工作要求　　☐没遵循
☐工作页已完成并提交　　☐工作页未完成　原因：__________

2. 教师评价

（1）工作页：

☐已完成并提交

☐未完成　未完成原因：__________________

（2）工件：

☐已完成并提交

☐未完成　未完成的原因：__________________

（3）6S 评价

☐工具摆放整齐　　☐工位清理干净　　☐安全生产

教师签字：　　　　日期：

工匠精神不仅仅是把工作当作赚钱的工具，而是树立一种对工作的执着、对所做事情的精益求精、精雕细琢的精神。

<table>
<tr><td rowspan="3">工作页</td><td rowspan="3">项目七　压板加工</td><td colspan="2">班级：</td><td>姓名：</td></tr>
<tr><td>学号：</td><td>日期：</td><td>页码：7-15</td></tr>
<tr><td colspan="3">学习领域：铣削加工技术</td></tr>
</table>

温馨提示

可以将学习重点、难点、感悟、反思记录在此，方便自己记忆、理解、深度思考和复习。

世上无难事，只要肯登攀。

<table>
<tr><td rowspan="3">工作页</td><td rowspan="3">项目八　钻孔夹具加工</td><td colspan="2">班级：</td><td>姓名：</td></tr>
<tr><td>学号：</td><td>日期：</td><td>页码：8-1</td></tr>
<tr><td colspan="3">学习领域：铣削加工技术</td></tr>
</table>

教学目标

- 了解六点定位原则
- 掌握在进行夹具设计时需要注意的事项
- 了解设计夹具的目的
- 能合理选择定位基准及定位元件
- 能够正确选用夹紧方式
- 能主动获取有效信息，展示工作成果，对学习与工作进行总结反思，能与他人合作，进行有效沟通

导入

有一批轴套类工件（见图 8-1）需要进行加工。现车工班组已经完成车削加工，钳工班组无法保证 $\phi5$ 孔的形位公差，特向技术组申请夹具设计。为保证加工进度，要求在规定时间完成设计并试钻。

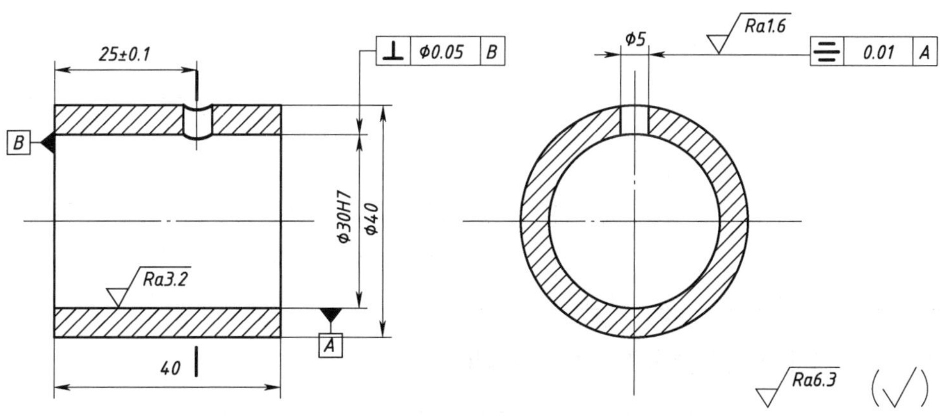

图 8-1　轴套

欲速则不达。

工作页	项目八　钻孔夹具加工	班级：		姓名：
		学号：	日期：	页码：8-2
		学习领域：铣削加工技术		

任务

1. 设计钻轴套上 $\phi 5$ 孔的夹具。
2. 完成夹具加工并进行试钻。

行动

1. 请查阅相关资料回答下列问题。

（1）什么是机床夹具?

（2）机床夹具的组成部分有哪些?

（3）机床夹具按其专门化分类，可分为哪几类?

希望，只有和勤奋作伴，才能如虎添翼。

<table>
<tr><td rowspan="3">工作页</td><td rowspan="3">项目八　钻孔夹具加工</td><td colspan="2">班级：</td><td>姓名：</td></tr>
<tr><td>学号：</td><td>日期：</td><td>页码：8-3</td></tr>
<tr><td colspan="3">学习领域：铣削加工技术</td></tr>
</table>

（4）设计机床夹具的目的是什么？

（5）什么是自由度？

（6）请解释六点定位原则？

（7）定位的种类有哪些？

人生在勤，不索何获。

工作页	项目八　钻孔夹具加工	班级：		姓名：
		学号：	日期：	页码：8-4
		学习领域：铣削加工技术		

（8）什么是完全定位？什么是部分定位？什么是欠定位？什么是重复定位？

（9）认识下列定位元件（见图 8-2 和图 8-3）并回答下列问题。

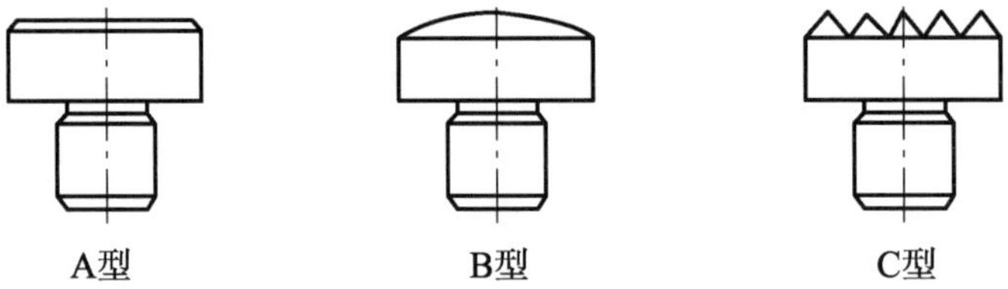

A型　B型　C型

图 8-2　支承钉

A 型（平头式）支承钉适用于（　　）的定位；
B 型（球面式）支承钉适用于（　　）的定位；
C 型（网纹顶面式）支承钉适用于（　　）的定位。

D　D—D　H　D　E　E—E　H　E

A型　B型

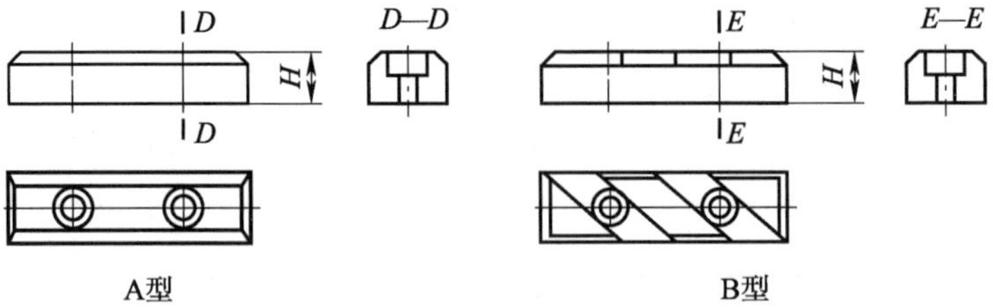

图 8-3　支承板

志不立，天下无可成之事。

<table>
<tr><td rowspan="3">工作页</td><td rowspan="3">项目八　钻孔夹具加工</td><td>班级：</td><td colspan="2">姓名：</td></tr>
<tr><td>学号：</td><td>日期：</td><td>页码：8-5</td></tr>
<tr><td colspan="3">学习领域：铣削加工技术</td></tr>
</table>

A 型支承板沉头螺钉处积屑不易清除，会影响定位，所以仅用于（　　）平面定位。

B 型支承板由于有斜槽，易清除切屑且支承板与工件接触少，定位准确，适用于（　　）平面定位。

（10）对夹紧装置的基本要求有哪些？

（11）常用的夹紧装置有哪些？

（12）简述螺旋式夹紧装置的优、缺点。

知之为知之，不知为不知，是知也。

<table>
<tr><td rowspan="3">工作页</td><td rowspan="3">项目八　钻孔夹具加工</td><td colspan="2">班级：</td><td>姓名：</td></tr>
<tr><td>学号：</td><td>日期：</td><td>页码：8-6</td></tr>
<tr><td colspan="3">学习领域：铣削加工技术</td></tr>
</table>

（13）简述偏心式夹紧装置的优、缺点。

（14）设计夹具并绘制其零件图。

完成以上内容，请与老师沟通。

没有伟大的愿望，就没有伟大的天才。

工作页	项目八 钻孔夹具加工	班级：		姓名：
		学号：	日期：	页码：8-7
		学习领域：铣削加工技术		

2. 根据设计草图填写机械加工工艺过程卡片。

零件加工工艺	机械加工工艺过程卡片	产品型号		零件图号		总 页	第 页
		产品名称		零件名称		共 页	第 页

材料牌号		毛坯种类		毛坯外形尺寸		每坯可制件数		每台件数		备注	

	工序号	工序名称	工序内容	车间	工段	设备	工艺装备	工时	
								准终	单件
描图									
描校									
底图号									

										设计（日期）	校对（日期）	审核（日期）	标准化（日期）	会签（日期）
装订号														
	标记	处数	签字	日期	标记	处数	更改文件号	签字	日期					

人贵有志，学贵有恒。

工作页	项目八　钻孔夹具加工	班级：		姓名：
		学号：	日期：	页码：8-8
		学习领域：铣削加工技术		

机械加工工序卡片

产品型号		零件图号			
产品名称		零件名称		共　页	第　页

车间	工序号	工序名	材料牌号
毛坯种类	毛坯外形尺寸	每坯可制件数	每台件数
设备名称	设备型号	设备编号	同时加工件数

夹具编号	夹具名称	切削液	
	三爪卡盘	乳化液	
工位器具编号	工位器具名称	工序工时	
		准终	单件

工步号	工步内容	工艺装备	主轴转速/(r/min)	切削速度/(m/min)	进给量/(mm/r)	背吃刀量/mm	进给次数	工步工时	
								机动	辅助

描图	
描校	
底图号	
装订号	

										设计	审核	标准化	会签	
标记	处数	更改文件号	签字	日期	标记	处数	更改文件号	签字	日期					

读万卷书，行万里路。

工作页	项目八 钻孔夹具加工	班级：		姓名：
		学号：	日期：	页码：8-9
		学习领域：铣削加工技术		

机械加工工序卡片

产品型号		零件图号			
产品名称		零件名称		共 页	第 页

车间	工序号	工序名	材料牌号
毛坯种类	毛坯外形尺寸	每坯可制件数	每台件数
设备名称	设备型号	设备编号	同时加工件数

夹具编号	夹具名称	切削液	
	三爪卡盘	乳化液	
工位器具编号	工位器具名称	工序工时	
		准终	单件

工步号	工步内容	工艺装备	主轴转速/(r/min)	切削速度/(m/min)	进给量/(mm/r)	背吃刀量/mm	进给次数	工步工时	
								机动	辅助

描图										
描校										
底图号										
装订号										
							设计	审核	标准化	会签
标记	处数	更改文件号	签字	日期	标记	处数	更改文件号	签字	日期	

青年最要紧的精神，是要与命运奋斗。

工作页	项目八　钻孔夹具加工	班级：		姓名：
		学号：	日期：	页码：8-10
		学习领域：铣削加工技术		

3．填写表 8-1 中工、量具清单并领取工、量具。

表 8-1　工、量具领用清单

序　号	工、量具名称	规　格	数　量	需 领 用

4．问题分析。

在夹具设计或试模的过程中你遇到哪些问题？你是怎么解决的？

温馨提示

① 根据题目仔细查阅资料后进行设计；

② 遇到问题及时与老师沟通，及时解决；

③ 零件加工时戴好护目镜，不允许戴手套，女同学必须戴工帽；

④ 在台钻上试模时不允许戴手套；

⑤ 零件加工完毕后及时测量工件，发现问题及时解决；

⑥ 实训全过程 6S。

不要等待机会，而要创造机会。

<table>
<tr><td rowspan="3">工作页</td><td rowspan="3">项目八　钻孔夹具加工</td><td colspan="2">班级：</td><td>姓名：</td></tr>
<tr><td>学号：</td><td>日期：</td><td>页码：8-11</td></tr>
<tr><td colspan="3">学习领域：铣削加工技术</td></tr>
</table>

钻孔夹具考核标准评分表（见表 8-2）。

表　8-2

序　号	检测结果	检测项目	分值	自评结果	互评结果	师评结果	得　　分
1	试模	25±0.1	5				
2		⊥ $\phi 0.05$ B	10				
3		⌯ 0.01 A	10				
4		$\phi 5$	5				
5		表面粗糙度 $Ra6.3$	5				
6	工艺过程	夹具设计	25				
		机械加工工序卡	10				
		刀具选用	5				
		正确进行铣床使用与维护保养	5				
7	安全文明生产	正确执行安全技术操作规程	5				
		正确穿戴工作服	5				
8	职业素养	6S 及职业规范	10				
总分							

三军可夺帅也，匹夫不可夺志也。

工作页	项目八　钻孔夹具加工	班级：		姓名：
		学号：	日期：	页码：8-12
		学习领域：铣削加工技术		

纠错

1. 学生工作演示。
2. 教师过程纠错及 6S 点评。

结果

1. 自我评价

□工件已按图纸加工并符合要求　　□工件没有完成
□零件符合技术标准　　□不符合
□零件检测方法操作正确　　□不正确
□操作时遵循了 6S 的工作要求　　□没遵循
□工作页已完成并提交　　□工作页未完成　原因：__________

2. 教师评价

（1）工作页：
□已完成并提交
□未完成　未完成原因：__________________
（2）工件
□已完成并提交
□未完成　未完成的原因：__________________
（3）6S 评价
□工具摆放整齐　　□工位清理干净　　□安全生产

教师签字：　　　　日期：

一切手工技艺，皆由口传心授。

<table>
<tr><td rowspan="3">工作页</td><td rowspan="3">项目八　钻孔夹具加工</td><td colspan="2">班级：</td><td>姓名：</td></tr>
<tr><td>学号：</td><td>日期：</td><td>页码：8-13</td></tr>
<tr><td colspan="3">学习领域：铣削加工技术</td></tr>
</table>

温馨提示

可以将学习重点、难点、感悟、反思记录在此，方便自己记忆、理解、深度思考和复习。

青年是民族的希望所在。

<table>
<tr><td rowspan="3">工作页</td><td rowspan="3">项目九　压弯模</td><td colspan="2">班级：</td><td>姓名：</td></tr>
<tr><td>学号：</td><td>日期：</td><td>页码：9-1</td></tr>
<tr><td colspan="3">学习领域：铣削加工技术</td></tr>
</table>

教学目标

- 能识读图样和工艺卡，明确加工技术要求和加工工艺。
- 掌握基准面的确定原则及能正确选择基准面。
- 在加工过程中，能严格按照铣床操作规程操作铣床，按工步铣削工件。
- 根据切削状态调整切削用量，保证正常切削；适时检测，保证精度。
- 能对加工误差进行分析，并通过调整机床提高加工精度。
- 能按车间现场管理规定，正确放置零件。
- 能主动获取有效信息，展示工作成果，对学习与工作进行总结反思，能与他人合作，进行有效沟通。

导入

现有一批 0.5 mm 的薄板，需要压弯，加工任务分配到铣工班组制作压弯模具（见图 9-1）。要求在规定时间内完成试模任务。

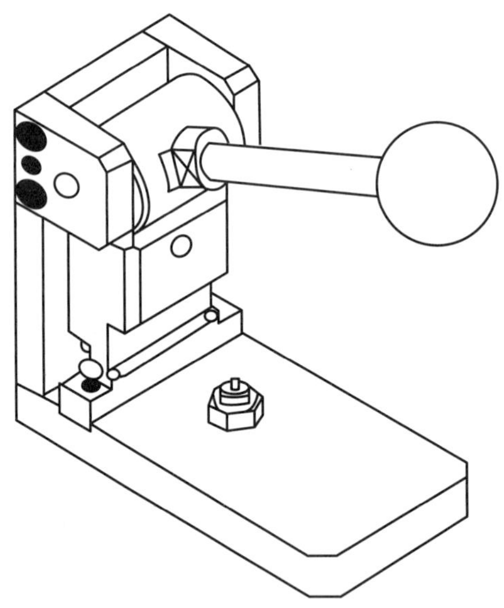

图 9-1　薄板压弯模具

请你在工作过程中注意安全与文明生产，全程实施 6S 管理，并注意环境保护。

时间抓起来是金子，抓不住是流水。

工作页	项目九　压弯模	班级：		姓名：
		学号：	日期：	页码：9-2
		学习领域：铣削加工技术		

任务

1. 完成压弯模具零件加工。
2. 完成试模任务。

行动

1. 查阅相关资料回答下列问题。

（1）结合图纸中明细栏（见图 9-2），填写表 9-1 压弯模各部分零件名称、材料及数量。

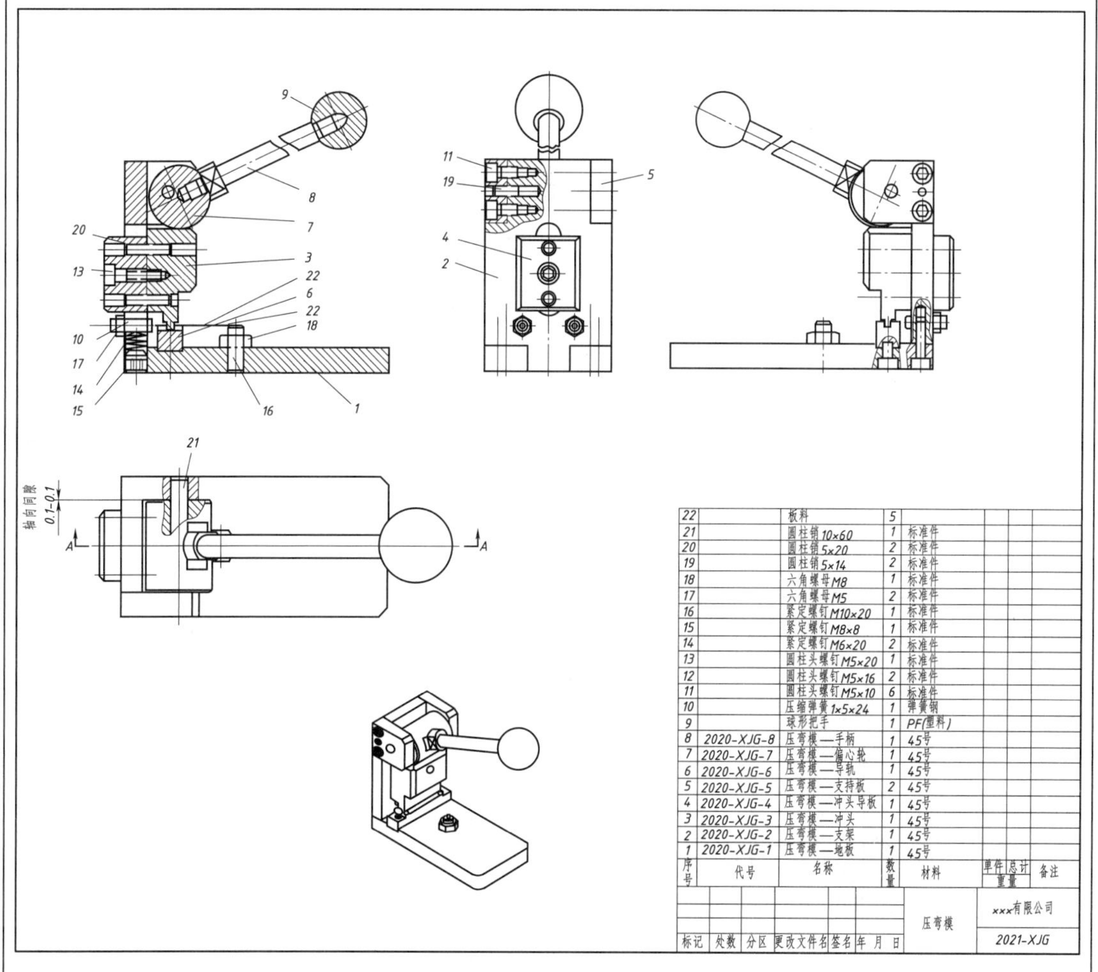

序号	代号	名称	数量	材料	单件重量	总计重量	备注
22		板料	5				
21		圆柱销 10×60	1	标准件			
20		圆柱销 5×20	2	标准件			
19		圆柱销 5×14	2	标准件			
18		六角螺母 M8	1	标准件			
17		六角螺母 M5	2	标准件			
16		紧定螺钉 M10×20	1	标准件			
15		紧定螺钉 M8×8	1	标准件			
14		紧定螺钉 M6×20	2	标准件			
13		圆柱头螺钉 M5×20	1	标准件			
12		圆柱头螺钉 M5×16	2	标准件			
11		圆柱头螺钉 M5×10	6	标准件			
10		压缩弹簧 1×5×24	1	弹簧钢			
9		球形把手	1	PF(塑料)			
8	2020-XJG-8	压弯模—手柄	1	45号			
7	2020-XJG-7	压弯模—偏心轮	1	45号			
6	2020-XJG-6	压弯模—导轨	1	45号			
5	2020-XJG-5	压弯模—支持板	2	45号			
4	2020-XJG-4	压弯模—冲头导板	1	45号			
3	2020-XJG-3	压弯模—冲头	1	45号			
2	2020-XJG-2	压弯模—支架	1	45号			
1	2020-XJG-1	压弯模—地板	1	45号			

标记	处数	分区	更改文件名	签名	年 月 日	压弯模	×××有限公司 / 2021-XJG

图 9-2　压弯模

不积硅步，无以至千里，不积小流，无以成江海。

工作页	项目九　压弯模	班级：		姓名：
		学号：	日期：	页码：9-3
		学习领域：铣削加工技术		

表 9-1　填写压弯模各部分零件名称、材料及数量

序号	名　称	材　料	数　量	序号	名　称	材　料	数　量
1				12			
2				13			
3				14			
4				15			
5				16			
6				17			
7				18			
8				19			
9				20			
10				21			
11				22			

（2）哪几个零件需要在铣床上加工，写出件号即可。

（3）通过查阅资料，注明零件图中$\sqrt{Ra\ 3.2}$代表什么意思？

（4）简述冲压加工。

唯宽可以容人，唯厚可以载物。

<table>
<tr><td rowspan="3">工作页</td><td rowspan="3">项目九　压弯模</td><td colspan="2">班级：</td><td>姓名：</td></tr>
<tr><td>学号：</td><td>日期：</td><td>页码：9-4</td></tr>
<tr><td colspan="3">学习领域：铣削加工技术</td></tr>
</table>

（5）材料弯曲分为弹性变形阶段和塑性变形阶段，简单解释一下什么是弹性变形、什么是塑性变形？

（6）试分析零件图 1 中的 M10 螺纹孔的作用？

（7）通过查找资料，了解制造模具构件所使用的材料有哪些？

（8）本模具中存在一处偏心夹紧机构，把它找出来，并解释一下偏心夹紧机构的含义。

（9）想一想，动动脑，分析一下弹簧（件号 10）的作用是什么？

眼中有美，心中有爱，每一天都是春暖花开。

工作页	项目九　压弯模	班级：		姓名：
		学号：	日期：	页码：9-5
		学习领域：铣削加工技术		

（10）为提高凸模及凹模的硬度，通常采用淬火的热处理工艺。什么是淬火？淬火目的是什么？

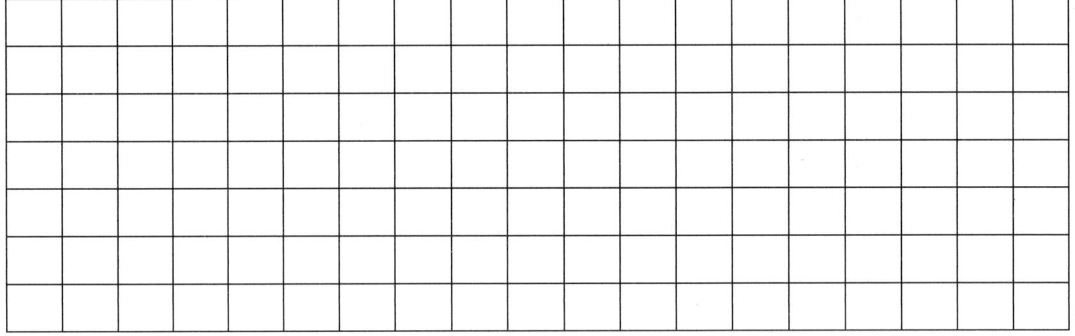

2．底板零件加工。

（1）底板零件图

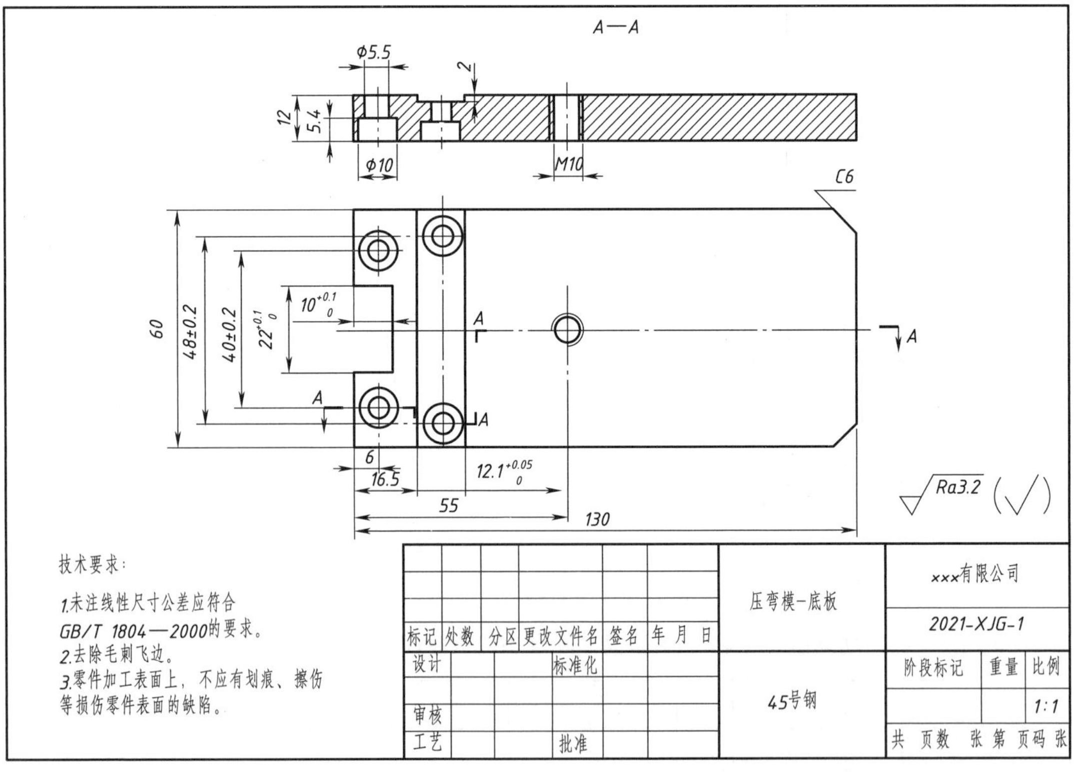

A—A

φ5.5　2　12　5.4　φ10　M10　C6　60　48±0.2　40±0.2　$22^{+0.1}_{0}$　$10^{+0.1}_{0}$　A　6　16.5　$12.1^{+0.05}_{0}$　55　130

Ra3.2 (√)

技术要求：

1.未注线性尺寸公差应符合GB/T 1804—2000的要求。

2.去除毛刺飞边。

3.零件加工表面上，不应有划痕、擦伤等损伤零件表面的缺陷。

						压弯模-底板	xxx有限公司		
标记	处数	分区	更改文件名	签名	年 月 日		2021-XJG-1		
设计		标准化				45号钢	阶段标记	重量	比例
审核									1:1
工艺		批准					共 页数 张 第 页码 张		

差之毫厘，谬以千里。

工作页	项目九　压弯模	班级：	姓名：
		学号：　日期：	页码：9-6
		学习领域：铣削加工技术	

（2）识读机械加工工艺过程卡片，完成底板加工。

零件加工工艺	机械加工工艺过程卡片		产品型号		零件图号		总　页	第　页
			产品名称		零件名称		共　页	第　页
	材料牌号		毛坯种类		毛坯外形尺寸		每坯可制件数	
			每台件数		备注			

	工序号	工序名称	工序内容	车间	工段	设备	工艺装备	工时 准终	工时 单件
	1	下料	124 mm×64 mm×14 mm		锯		游标卡尺		
	2	铣削	铣平面、铣沟槽、铣圆弧		铣	铣床	X6132、游标卡尺、千分尺		
	3	去毛刺	各棱边		钳	台虎钳	锉刀		
	4	钳	钻螺纹底孔，攻螺纹 M10		钳	钻床	游标卡尺		
	5	去毛刺	各棱边		钳	台虎钳	锉刀		
描图	6	检验	工序检验		检		游标卡尺、千分尺		
	7	检验	终检				游标卡尺、千分尺		
描校									
底图号									

										设计（日期）	校对（日期）	审核（日期）	标准化（日期）	会签（日期）
装订号														
	标记	处数	签字	日期	标记	处数	更改文件号	签字	日期					

只要功夫深，铁杵磨成针。

工作页	项目九 压弯模	班级：		姓名：
		学号：	日期：	页码：9-7
		学习领域：铣削加工技术		

机械加工工序卡片	产品型号		零件图号			
	产品名称	手动压弯模	零件名称	底板	共 页	第 页

车间	工序号	工序名	材料牌号
	2	铣削	45号钢
毛坯种类	毛坯外形尺寸	每坯可制件数	每台件数
	60×12×120	1件	1件
设备名称	设备型号	设备编号	同时加工件数
铣床	X6132	4	1件

夹具编号	夹具名称	切削液	
	平口钳	乳化液	
工位器具编号	工位器具名称	工序工时	
		准终	单件

工步号	工步内容	工艺装备	主轴转速/(r/min)	切削速度/(m/min)	进给量/(mm/min)	背吃刀量/mm	进给次数	工步工时 机动	工步工时 辅助
1	铣平面、去毛刺	平口钳 ϕ16铣刀、锉刀							
2	铣沟槽、去毛刺	平口钳 ϕ12铣刀、锉刀							
3	检验	游标卡尺							

描图	描校	底图号	装订号

标记	处数	更改文件号	签字	日期	标记	处数	更改文件号	签字	日期	设计	审核	标准化	会签

明日复明日，明日何其多，我生待明日，万事成蹉跎。

工作页	项目九　压弯模	班级：	姓名：	
		学号：	日期：	页码：9-8
		学习领域：铣削加工技术		

机械加工工序卡片

产品型号		零件图号			
产品名称	手动压弯模	零件名称	底板	共　页	第　页

车间	工序号	工序名	材料牌号
			45号钢
毛坯种类	毛坯外形尺寸	每坯可制件数	每台件数
	60×12×120	1 件	1 件
设备名称	设备型号	设备编号	同时加工件数
钻床		1	1 件

夹具编号	夹具名称	切削液	
	平口钳	乳化液	
工位器具编号	工位器具名称	工序工时	
		准终	单件

工步号	工步内容	工艺装备	主轴转速/(r/min)	切削速度/(m/min)	进给量/(mm/min)	背吃刀量/mm	进给次数	工步工时 机动	工步工时 辅助
1	钻孔	平口钳；ϕ5.5、ϕ8.7 钻头；ϕ10 铣刀							
2	攻丝	台虎钳、M10 丝锥							
3	去毛刺	台虎钳、锉刀							
4	检验	游标卡尺、千分尺							

描图	描校	底图号	装订号

										设计	审核	标准化	会签
标记	处数	更改文件号	签字	日期	标记	处数	更改文件号	签字	日期				

二人同心，其利断金。

工作页	项目九　压弯模	班级：		姓名：
		学号：	日期：	页码：9-9
		学习领域：铣削加工技术		

（3）填写表9-2中工、量具清单并领取工、量具。

表9-2　工、量具领用清单

序　号	工、量具名称	规　格	数　量	需　领　用

（4）阅读表9-3底板加工步骤。

表9-3　底板加工步骤

操作步骤	操作要点	图　示
下料	用游标卡尺测量毛坯尺寸，确保毛坯有足够余量	
铣各平面、去毛刺	注意零件的基准选择，尽可能基准统一。 在普铣加工中粗铣选择逆铣，精铣选择顺铣。 每一个平面加工完后，毛刺要处理干净，否则会影响零件尺寸	
铣沟槽、去毛刺	在铣削该沟槽时，刀具朝着平口钳的固定钳口方向进给，防止工件歪斜，导致工件报废	
铣沟槽（红色部分）、去毛刺	在加工时注意沟槽基准边的选择	
加工斜角（C6）	按照零件图要求加工斜角	

凡事勤则易，凡事惰则难。

工作页	项目九　压弯模	班级：		姓名：
		学号：	日期：	页码：9-10
		学习领域：铣削加工技术		

操作步骤	操作要点	图示
钻孔、去毛刺	钻孔时由于钻头小，所以钻削的进给量要小，并且及时退钻头倒屑，防止钻头折断	
扩孔，去毛刺	换钻头进行扩孔，注意扩孔的位置	
攻螺纹，去毛刺（M10）	攻丝前将丝锥加点儿油酸，可以用 1 锥先攻丝，注意丝锥不要歪斜，应与平面垂直；丝锥要经常倒屑	
检验	按照零件图对工件进行自检	

温馨提示

①零件加工时戴好护目镜，不允许戴手套，女同学必须戴工帽；
②零件加工时 1 人操作设备，绝对禁止 2 人或 2 人以上同时操作设备；
③零件加工前按要求装夹好工件，确定铣削用量后进行加工；
④零件加工时不允许测量工件，不允许用手触摸工件表面；
⑤零件加工完毕后及时测量工件，发现问题及时解决；
⑥实训全程 6S。

（5）问题分析。

在零件加工过程中你遇到了哪些问题，是如何解决的?

完成以上内容，请与老师沟通。

不蔽人之善，不言人之恶。

工作页	项目九　压弯模	班级：		姓名：
		学号：	日期：	页码：9-11
		学习领域：铣削加工技术		

底板零件质量检查评分表（见表 9-4）。

表 9-4　底板零件质量检查评分表

序号	检测内容	检测项目	评分标准	分值	自评结果	互评结果	师评结果	得分
1	外轮廓	130	超差不得分	5				
		60	超差不得分	5				
		12	超差不得分	5				
	沟槽	$22^{+0.1}_{0}$	超差不得分	6				
		$10^{+0.1}_{0}$	超差不得分	3				
		$12.1^{+0.05}_{0}$	超差不得分	6				
		16.5	不合格不得分	3				
2	孔	4×ϕ 5.5	超差不得分	4				
		4×ϕ 10	超差不得分	4				
		5.4	超差不得分	2				
		6	超差不得分	2				
		48 ± 0.2	超差不得分	5				
		40 ± 0.2	超差不得分	5				
3	螺纹	M10	超差不得分	5				
4	工艺过程	加工路线	酌情扣除	5				
		机械加工工序卡	符合标准程度	10				
		刀具选用	符合标准程度	2				
		正确进行铣床使用与维护保养	符合标准程度	3				
5	安全文明生产	正确执行安全技术操作规程	符合标准程度	5				
		正确穿戴工作服	符合标准程度	5				
6	职业素养	6S 及职业规范	符合标准程度	10				
总分								

世上无难事，只怕有心人。

工作页	项目九　压弯模	班级：		姓名：
		学号：	日期：	页码：9-12
		学习领域：铣削加工技术		

3．支架零件加工。

（1）支架零件图。

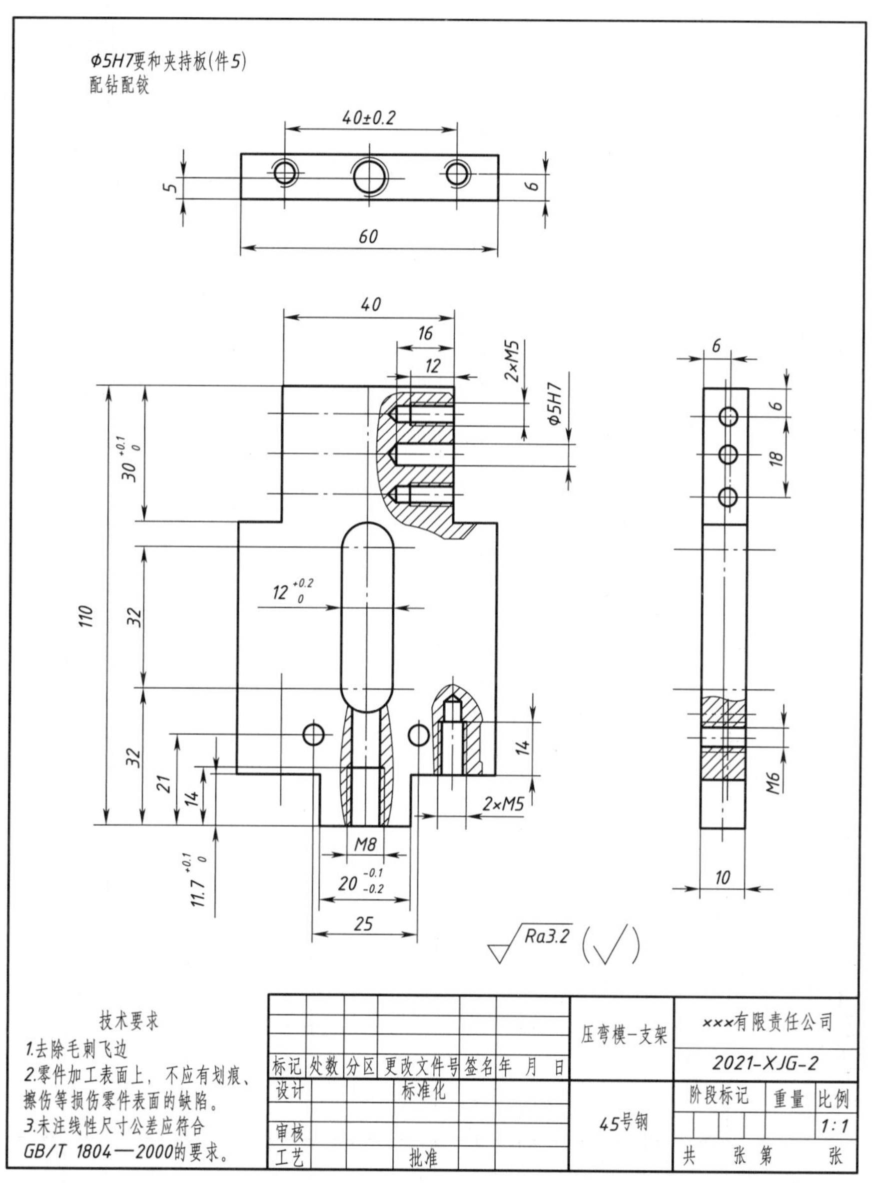

天道酬勤。

工作页	项目九　压弯模	班级：	姓名：
		学号：　日期：	页码：9-13
		学习领域：铣削加工技术	

（2）识读并填写机械加工工艺卡片。

零件加工工艺	机械加工工艺过程卡片	产品型号		零件图号		总　页	第　页
		产品名称		零件名称		共　页	第　页

材料牌号		毛坯种类		毛坯外形尺寸		每坯可制件数		每台件数		备注	

	工序号	工序名称	工序内容	车间	工段	设备	工艺装备	工时 准终	工时 单件
	1	下料	104×62×12		锯		游标卡尺		
	2	铣削	铣平面、铣台阶、铣键槽		铣	铣床	X6132、游标卡尺、千分尺		
	3	去毛刺	各棱边		钳	台虎钳	锉刀		
	4	钳	划线、钻孔、攻丝		钳	钻床	游标卡尺		
	5	去毛刺	各棱边		钳	台虎钳	锉刀		
描图	6	检验	工序检验		检		游标卡尺、千分尺		
	7	检验	终检				游标卡尺、千分尺		
描校									
底图号									

										设计（日期）	校对（日期）	审核（日期）	标准化（日期）	会签（日期）
装订号														
	标记	处数	签字	日期	标记	处数	更改文件号	签字	日期					

不要懒懒散散地虚度生命。

工作页	项目九　压弯模	班级：		姓名：
		学号：	日期：	页码：9-14
		学习领域：铣削加工技术		

机械加工工序卡片

产品型号		零件图号			
产品名称	手动压弯模	零件名称	支架	共　页	第　页

车间	工序号	工序名	材料牌号
	2 号	铣削	45号钢
毛坯种类	毛坯外形尺寸	每坯可制件数	每台件数
	60×12×100	1 件	1 件
设备名称	设备型号	设备编号	同时加工件数
铣床	X6132	4 号	1 件

夹具编号	夹具名称	切削液	
	平口钳	乳化液	
工位器具编号	工位器具名称	工序工时	
		准终	单件

工步号	工步内容	工艺装备	主轴转速/(r/min)	切削速度/(m/min)	进给量/(mm/min)	背吃刀量/mm	进给次数	工步工时 机动	工步工时 辅助
1	铣平面、去毛刺	平口钳、ϕ16 铣刀、锉刀	375	18.84	70	5	1		
2	铣台阶、去毛刺	平口钳、ϕ16 铣刀、锉刀	375	18.84	70	5	6		
3	铣沟槽、去毛刺	平口钳、ϕ12 铣刀、锉刀	375	18.84	70	4	3		
4	检验	游标卡尺							

描图													
描校													
底图号													
装订号										设计	审核	标准化	会签
	标记	处数	更改文件号	签字	日期	标记	处数	更改文件号	签字	日期			

问渠那得清如许，为有源头活水来。

工作页	项目九　压弯模	班级：		姓名：
		学号：	日期：	页码：9-15
		学习领域：铣削加工技术		

机械加工工序卡片		产品型号		零件图号			
		产品名称	手动压弯模	零件名称	支架	共　页	第　页

车间	工序号	工序名	材料牌号
	4 号	钳	45号钢
毛坯种类	毛坯外形尺寸	每坯可制件数	每台件数
	60×12×100	1 件	1 件
设备名称	设备型号	设备编号	同时加工件数
钻床		1 号	1 件

夹具编号	夹具名称	切削液	
	平口钳	乳化液	
工位器具编号	工位器具名称	工序工时	
		准终	单件

工步号	工步内容	工艺装备	主轴转速/(r/min)	切削速度/(m/min)	进给量/(mm/min)	背吃刀量/mm	进给次数	工步工时 机动	工步工时 辅助
1	划线	平口钳、ϕ4.8 钻头							
2	钻孔	台虎钳、M6 丝锥							
3	攻丝	台虎钳、锉刀							
4	去毛刺	游标卡尺、千分尺							
5	检验								

描图	描校	底图号	装订号

标记	处数	更改文件号	签字	日期	标记	处数	更改文件号	签字	日期	设计	审核	标准化	会签

纸上得来终觉浅，绝知此事要躬行。

工作页	项目九　压弯模	班级：		姓名：
		学号：	日期：	页码：9-16
		学习领域：铣削加工技术		

（3）填写表 9-5 的工、量具清单并领取工、量具。

表 9-5　工、量具领用清单

序　　号	工、量具名称	规　　格	数　　量	需　领　用

（4）阅读表 9-6 支架加工的步骤。

表 9-6　支架加工步骤

操作步骤	操作要点	图　　示
下料	用游标卡尺测量毛坯尺寸，确保毛坯有足够余量	
铣各平面、去毛刺	注意零件的基准选择，尽可能基准统一。 在普铣加工中粗铣选择逆铣，精铣选择顺铣。 每一个平面加工完后，毛刺要处理干净，否则会影响零件尺寸	
铣台阶、去毛刺	在铣削该台阶时，刀具朝着平口钳的固定钳口方向进给，并且要分层粗铣。粗铣完成后直接精铣，保证零件尺寸	
铣沟槽（紫色部分）、去毛刺	在加工时注意沟槽基准边的选择； 先用钻头钻落刀孔； 铣刀在落刀孔位置落刀进行加工	
钻孔、攻丝、去毛刺	按照零件图要求钻孔、攻丝	
检验	按照图纸要求检测零件	

知识就是力量。

工作页	项目九　压弯模	班级：		姓名：
		学号：	日期：	页码：9-17
		学习领域：铣削加工技术		

温馨提示

① 零件加工时戴好护目镜，不允许戴手套，女同学必须戴工帽；

② 按照工艺过程进行零件加工；

③ 封闭槽在加工前先用钻头钻落刀孔后用铣刀加工；

④ 钻孔时，由于钻头较细，所以速度要慢且经常退钻断屑，防止钻头折断；

⑤ 零件加工完毕后及时测量工件，发现问题及时解决；

⑥ 实训全过程 6S。

（5）问题分析。

在零件加工过程中你遇到了哪些问题？是如何解决的？

完成以上内容，请与老师沟通。

日日行，不怕千万里；常常做，不怕千万事。

工作页	项目九 压弯模	班级：		姓名：
		学号：	日期：	页码：9-18
		学习领域：铣削加工技术		

支架质量检查评分表（表 9-7）。

表 9-7 支架质量检查评分表

序号	检测内容	检测项目	评分标准	分 值	自评结果	互评结果	师评结果	得 分
1	外轮廓	110	超差不得分	3				
		60	超差不得分	3				
		10	超差不得分	3				
	台阶、键槽	$30^{+0.1}_{0}$	超差不得分	6				
		$11.7^{+0.1}_{0}$	超差不得分	6				
		$20^{-0.1}_{-0.2}$	超差不得分	6				
		$12^{+0.2}_{0}$	不合格不得分	6				
2	孔距	25	超差不得分	4				
		6	超差不得分	4				
		5	超差不得分	2				
		6	超差不得分	2				
		18	超差不得分	5				
		40 ± 0.2	超差不得分	5				
3	螺纹	M8	超差不得分	5				
4	工艺过程	加工路线	酌情扣除	5				
		机械加工工序卡	符合标准程度	10				
		刀具选用	符合标准程度	2				
		正确进行铣床使用与维护保养	符合标准程度	3				
5	安全文明生产	正确执行安全技术操作规程	符合标准程度	5				
		正确穿戴工作服	符合标准程度	5				
6	职业素养	6S 及职业规范	符合标准程度	10				
总分								

闻道有先后，术业有专攻。

工作页	项目九　压弯模	班级：		姓名：
		学号：	日期：	页码：9-19
		学习领域：铣削加工技术		

4. 夹持板零件加工

（1）夹持板零件图。

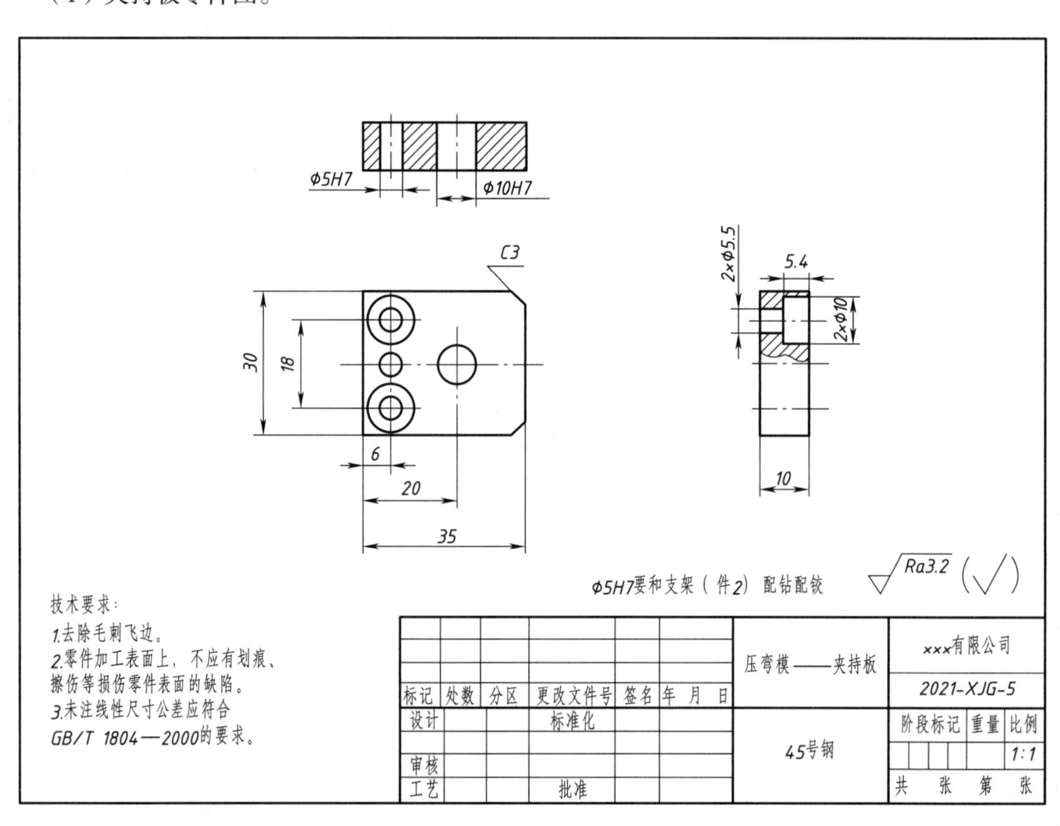

千里之行，始于足下。

工作页	项目九　压弯模	班级：	姓名：
		学号： 日期：	页码：9-20
		学习领域：铣削加工技术	

（2）识读机械加工工艺过程卡片。

零件加工工艺	机械加工工艺过程卡片	产品型号		零件图号		总　页	第　页
		产品名称		零件名称		共　页	第　页
	材料牌号		毛坯种类		毛坯外形尺寸		每坯可制件数
	每台件数		备注				

	工序号	工序名称	工序内容	车间	工段	设备	工艺装备	工时 准终	工时 单件
	1	下料	37×32×12		锯		游标卡尺		
	2	铣削	铣平面、铣斜角		铣	铣床	X6132、游标卡尺、千分尺		
	3	去毛刺	各棱边		钳	台虎钳	锉刀		
	4	钳加工	划线、钻孔、扩孔		钳	钻床	游标卡尺		
	5	去毛刺	各棱边		钳	台虎钳	锉刀		
描图	6	检验	工序检验		检		游标卡尺、千分尺		
	7	检验	终检				游标卡尺、千分尺		
描校									
底图号									

										设计（日期）	校对（日期）	审核（日期）	标准化（日期）	会签（日期）
装订号														
	标记	处数	签字	日期	标记	处数	更改文件号	签字	日期					

言必行，行必果。

工作页	项目九　压弯模	班级：		姓名：
		学号：	日期：	页码：9-21
		学习领域：铣削加工技术		

机械加工工序卡片

产品型号		零件图号			
产品名称	手动压弯模	零件名称	夹持板	共　页	第　页

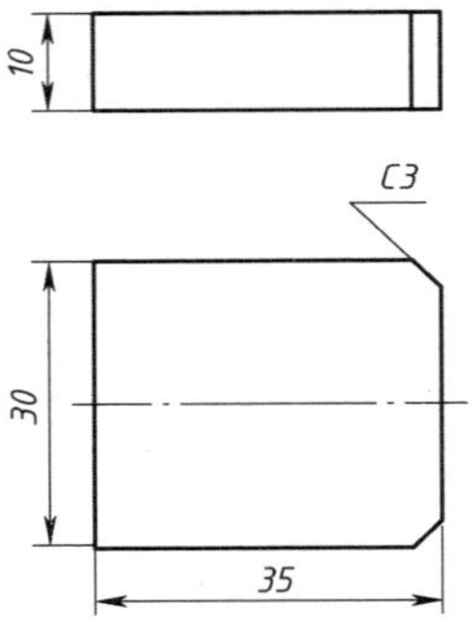

车间	工序号	工序名	材料牌号
	2	铣削	45号钢
毛坯种类	毛坯外形尺寸	每坯可制件数	每台件数
	37×32×12	1件	1件
设备名称	设备型号	设备编号	同时加工件数
铣床	X6132	4	1件

夹具编号	夹具名称	切削液	
	机用平口钳	乳化液	
工位器具编号	工位器具名称	工序工时	
		准终	单件

工步号	工步内容	工艺装备	主轴转速/(r/min)	切削速度/(m/min)	进给量/(mm/min)	背吃刀量/mm	进给次数	工步工时 机动	工步工时 辅助
1	铣平面、去毛刺	平口钳　ϕ16铣刀、锉刀	375	18.84	70	5	1		
2	铣斜角、去毛刺	平口钳　ϕ16铣刀、锉刀	375	18.84	70	5	6		
3	检验	游标卡尺							

描图	描校	底图号	装订号

标记	处数	更改文件号	签字	日期	标记	处数	更改文件号	签字	日期	设计	审核	标准化	会签

玉不琢，不成器，人不学，不知义。

工作页	**项目九　压弯模**	班级：		姓名：
		学号：	日期：	页码：9-22
		学习领域：铣削加工技术		

机械加工工序卡片

产品型号		零件图号			
产品名称	手动压弯模	零件名称	夹持板	共　页	第　页

车间	工序号	工序名	材料牌号
	4	钳加工	45号钢
毛坯种类	毛坯外形尺寸	每坯可制件数	每台件数
	37×32×12	1 件	1 件
设备名称	设备型号	设备编号	同时加工件数
铣床	X6132	4	1 件

夹具编号	夹具名称	切削液	
	机用平口钳	乳化液	
工位器具编号	工位器具名称	工序工时	
		准终	单件

工步号	工步内容	工艺装备	主轴转速/(r/min)	切削速度/(m/min)	进给量/(mm/min)	背吃刀量/mm	进给次数	工步工时 机动	工步工时 辅助
1	钻孔	平口钳；ϕ5.5 钻头、ϕ9.8 钻头；							
2	扩孔	台虎钳、ϕ10 钻头							
3	去毛刺	台虎钳、锉刀							
4	检验	游标卡尺、千分尺							

描图	描校	底图号	装订号

标记	处数	更改文件号	签字	日期	标记	处数	更改文件号	签字	日期	设计	审核	标准化	会签

白日莫闲过，青春不再来。

<table>
<tr><td rowspan="3">工作页</td><td rowspan="3">项目九　压弯模</td><td colspan="2">班级：</td><td>姓名：</td></tr>
<tr><td>学号：</td><td>日期：</td><td>页码：9-23</td></tr>
<tr><td colspan="3">学习领域：铣削加工技术</td></tr>
</table>

（3）填写表 9-8 的工、量具清单并领取工、量具。

表 9-8　工、量具领用清单

序　号	工、量具名称	规　格	数　量	需　领　用

（4）阅读表 9-9 夹持板加工的步骤，填写相关内容。

表 9-9　夹持板加工步骤

操作步骤	操作要点	图　示
下料	用游标卡尺测量毛坯尺寸，确保毛坯有足够余量	
铣各平面、去毛刺	注意零件的基准选择，尽可能基准统一。 在普铣加工中粗铣选择逆铣，精铣选择顺铣。 每一个平面加工完后，毛刺要处理干净，否则会影响零件尺寸	
倒斜角、去毛刺		
钻孔、去毛刺	按照零件图要求钻孔	
扩孔，铰孔（ϕ8），去毛刺	注意工件装夹方向	
检验	按照图纸要求检测零件	

爱学出勤奋，勤奋出天才。

<table>
<tr><td rowspan="3">工作页</td><td rowspan="3">项目九　压弯模</td><td colspan="2">班级：</td><td>姓名：</td></tr>
<tr><td>学号：</td><td>日期：</td><td>页码：9-24</td></tr>
<tr><td colspan="3">学习领域：铣削加工技术</td></tr>
</table>

温馨提示

① 零件加工时戴好护目镜，不允许戴手套，女同学必须戴工帽。

② 该零件较小，装夹时注意垫铁的高度，一定要用游标卡尺测量工件露出钳口的高度且符合加工要求。

③ 零件加工时不允许测量工件，不允许用手触摸工件表面。

④ 零件加工完毕后及时测量工件，发现问题及时解决。

⑤ 实训全过程 6S。

（5）问题分析。

在零件加工过程中你遇到了哪些问题？是如何解决的？

完成以上内容，请与老师沟通。

盛年不重来，一日难再晨。

工作页	项目九　压弯模	班级：		姓名：
		学号：	日期：	页码：9-25
		学习领域：铣削加工技术		

夹持板质量检查评分表（见表 9-10）。

表 9-10　夹持板质量检查评分表

序号	检测内容	检测项目	评分标准	分　值	自评结果	互评结果	师评结果	得　分
1	外轮廓	35	超差不得分	6				
		30	超差不得分	6				
		10	超差不得分	6				
		*C*3	超差不得分	6				
		Ra	超差不得分	2				
2	孔径与孔距	ϕ5.5	超差不得分	5				
		6	超差不得分	5				
		18	超差不得分	3				
		ϕ10	超差不得分	3				
		20	超差不得分	5				
		ϕ10	超差不得分	5				
		5.4	超差不得分	6				
		Ra	超差不得分	2				
3	工艺过程	加工路线	酌情扣除	5				
		机械加工工序卡	符合标准程度	10				
		刀具选用	符合标准程度	2				
		正确进行铣床使用与维护保养	符合标准程度	3				
4	安全文明生产	正确执行安全技术操作规程	符合标准程度	5				
		正确穿戴工作服	符合标准程度	5				
5	职业素养	6S 及职业规范	符合标准程度	10				
总分								

逆境是通往真理的第一条道路。

<table>
<tr><td rowspan="3">工作页</td><td rowspan="3">项目九　压弯模</td><td colspan="2">班级：</td><td>姓名：</td></tr>
<tr><td>学号：</td><td>日期：</td><td>页码：9-26</td></tr>
<tr><td colspan="3">学习领域：铣削加工技术</td></tr>
</table>

5．冲头导板零件加工。

（1）冲头导板零件图。

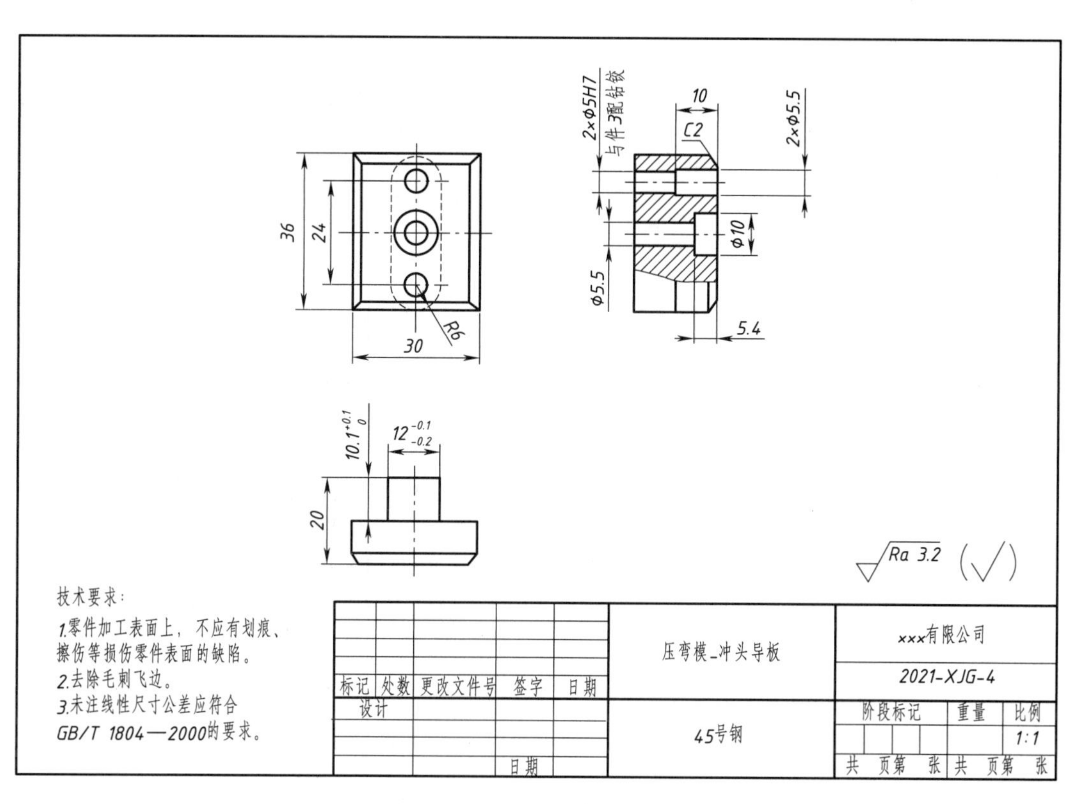

用功不求太猛，但求有恒。

工作页	项目九　压弯模	班级：	姓名：	
		学号：	日期：	页码：9-27
		学习领域：铣削加工技术		

（2）识读机械加工工艺过程卡片。

零件加工工艺	机械加工工艺过程卡片		产品型号		零件图号		总　页	第　页	
			产品名称		零件名称		共　页	第　页	
	材料牌号		毛坯种类	毛坯外形尺寸	每坯可制件数	每台件数		备注	
	工序号	工序名称	工序内容	车间	工段	设备	工艺装备	工时	
								准终	单件
	1	下料	32×38×24		锯		游标卡尺		
	2	铣削	铣平面、铣台阶、倒斜角		铣	铣床	X6132、游标卡尺、千分尺		
	3	去毛刺	各棱边		钳	台虎钳	锉刀		
	4	钳工	划线、钻孔、扩孔		钳	钻床	游标卡尺		
	5	钳工	*R*6 圆弧		钳	台虎钳	R 板		
描图	6	检验	工序检验		检		游标卡尺、千分尺		
	7	检验	终检				游标卡尺、千分尺		
描校									
底图号									
					设计（日期）	校对（日期）	审核（日期）	标准化（日期）	会签（日期）
装订号									
	标记 / 处数 / 签字 / 日期	标记 / 处数 / 更改文件号 / 签字 / 日期							

尺寸所短，寸有所长。

工作页	项目九　压弯模	班级：		姓名：
		学号：	日期：	页码：9-28
		学习领域：铣削加工技术		

	机械加工工序卡片	产品型号		零件图号			
		产品名称	手动压弯模	零件名称	冲头导板	共　页	第　页

C2　36　24　30　20　$12^{-0.1}_{-0.2}$　$10.1^{+0.1}_{0}$

车间	工序号	工序名	材料牌号
		铣削	45号钢
毛坯种类	毛坯外形尺寸	每坯可制件数	每台件数
		1件	1件
设备名称	设备型号	设备编号	同时加工件数
铣床	X6132	4号	1件

夹具编号	夹具名称	切削液	
	平口钳	乳化液	
工位器具编号	工位器具名称	工序工时	
		准终	单件

	工步号	工步内容	工艺装备	主轴转速/(r/min)	切削速度/(m/min)	进给量/(mm/min)	背吃刀量/mm	进给次数	工步工时 机动	工步工时 辅助
	1	铣平面、去毛刺	平口钳　ϕ16铣刀、锉刀	375	18.84	70	5	1		
描图	2	铣斜角、去毛刺	平口钳　ϕ16铣刀、锉刀	375	18.84	70	5	6		
	3	检验	游标卡尺							
描校										
底图号										

											设计	审核	标准化	会签	
装订号															
	标记	处数	更改文件号	签字	日期	标记	处数	更改文件号	签字	日期					

不知则问，不能则学。

工作页	项目九　压弯模	班级：		姓名：
		学号：	日期：	页码：9-29
		学习领域：铣削加工技术		

机械加工工序卡片

产品型号		零件图号			
产品名称	手动压弯模	零件名称	冲头导板	共　页	第　页

车间	工序号	工序名	材料牌号
		钳工	45号钢
毛坯种类	毛坯外形尺寸	每坯可制件数	每台件数
	30×36×30	1 件	1 件
设备名称	设备型号	设备编号	同时加工件数
钻床		1 号	1 件

夹具编号	夹具名称	切削液	
	机用平口钳	乳化液	
工位器具编号	工位器具名称	工序工时	
		准终	单件

φ5.5　φ10　5.4

工步号	工步内容	工艺装备	主轴转速/(r/min)	切削速度/(m/min)	进给量/(mm/min)	背吃刀量/mm	进给次数	工步工时 机动	工步工时 辅助
1	钻孔	台虎钳；ϕ5.5 钻头							
2	扩孔	台虎钳 、ϕ10 钻头							
3	去毛刺	台虎钳、锉刀							
4	检验	游标卡尺、千分尺							

描图	描校	底图号	装订号

标记	处数	更改文件号	签字	日期	标记	处数	更改文件号	签字	日期	设计	审核	标准化	会签

失败只有一种，那就是半途而废。

工作页	**项目九　压弯模**	班级：		姓名：
		学号：	日期：	页码：9-30
		学习领域：铣削加工技术		

机械加工工序卡片

产品型号		零件图号			
产品名称	手动压弯模	零件名称	冲头导板	共　页	第　页

车间	工序号	工序名	材料牌号
		钳工	45号钢
毛坯种类	毛坯外形尺寸	每坯可制件数	每台件数
	30×36×20	1 件	1 件
设备名称	设备型号	设备编号	同时加工件数
台虎钳		10 号	1 件

夹具编号	夹具名称	切削液	
	台虎钳		
工位器具编号	工位器具名称	工序工时	
		准终	单件

工步号	工步内容	工艺装备	主轴转速/(r/min)	切削速度/(m/min)	进给量/(mm/min)	背吃刀量/mm	进给次数	工步工时 机动	工步工时 辅助
1	锉削 *R*6 圆弧	台虎钳、游标卡尺、R 规							
2	检验	游标卡尺							
3									
4									

描图	描校	底图号	装订号

标记	处数	更改文件号	签字	日期	标记	处数	更改文件号	签字	日期	设计	审核	标准化	会签

十年树人，百年树人。

工作页	项目九　压弯模	班级：		姓名：
		学号：	日期：	页码：9-31
		学习领域：铣削加工技术		

（3）填写表 9-11 的工、量具清单并领取工、量具。

表 9-11　工、量具领用清单

序　号	工、量具名称	规　格	数　量	需　领　用

（4）阅读表 9-12 冲模加工的步骤。

表 9-12　冲头导板加工步骤

操作步骤	操作要点	图　示
下料	用游标卡尺测量毛坯尺寸，确保毛坯有足够余量	
铣各平面、去毛刺	注意零件的基准选择，尽可能基准统一。 在普铣加工中粗铣选择逆铣，精铣选择顺铣。 每一个平面加工完后，毛刺要处理干净，否则会影响零件尺寸	
铣台阶、倒斜角、去毛刺		
划线、钻孔、扩孔、去毛刺	按照零件图要求钻孔	
加工削圆弧（$R6$）		
检验	按照图纸要求检测零件	

伟大的事业，需要决心、能力、组织和责任感。

工作页	项目九　压弯模	班级：	姓名：	
		学号：	日期：	页码：9-32
		学习领域：铣削加工技术		

温馨提示

①零件加工时戴好护目镜，不允许戴手套，女同学必须戴工帽；

②严格按照工艺过程加工零件；

③合理选用量具检测零件精度；

④零件加工时不允许测量工件，不允许用手触摸工件表面；

⑤零件加工完毕后及时测量工件，发现问题及时解决；

⑥实训全过程6S。

（5）问题分析。

在零件加工过程中你遇到了哪些问题？是如何解决的？

完成以上内容，请与老师沟通。

业精于勤，荒于嬉。

工作页	项目九　压弯模	班级：		姓名：
		学号：	日期：	页码：9-33
		学习领域：铣削加工技术		

冲头导板质量检查评分表（见表 9-13）。

表 9-13　冲头导板质量检查评分表

序号	检测内容	检测项目	评分标准	分值	自评结果	互评结果	师评结果	得分
1	外轮廓	30	超差不得分	5				
		36	超差不得分	5				
		20	超差不得分	5				
		Ra	超差不得分	2				
2	圆弧	*R*6	超差不得分	5				
		$10.1^{+0.1}_{0}$	超差不得分	10				
		$12^{-0.1}_{-0.2}$	超差不得分	10				
3	倒角	*C*2	超差不得分	1				
4	孔	$\phi5.5$	超差不得分	5				
		$\phi10$	超差不得分	5				
		5.4	超差不得分	5				
		Ra	超差不得分	2				
5	工艺过程	加工路线	酌情扣除	5				
		机械加工工序卡	符合标准程度	10				
		刀具选用	符合标准程度	2				
		正确进行铣床使用与维护保养	符合标准程度	3				
6	安全文明生产	正确执行安全技术操作规程	符合标准程度	5				
		正确穿戴工作服	符合标准程度	5				
7	职业素养	6S 及职业规范	符合标准程度	10				
总分								

理想的实现只靠干，不靠空谈。

<table>
<tr><td rowspan="3">工作页</td><td rowspan="3">项目九　压弯模</td><td colspan="2">班级：</td><td>姓名：</td></tr>
<tr><td>学号：</td><td>日期：</td><td>页码：9-34</td></tr>
<tr><td colspan="3">学习领域：铣削加工技术</td></tr>
</table>

6．导轨零件加工。

（1）导轨零件图。

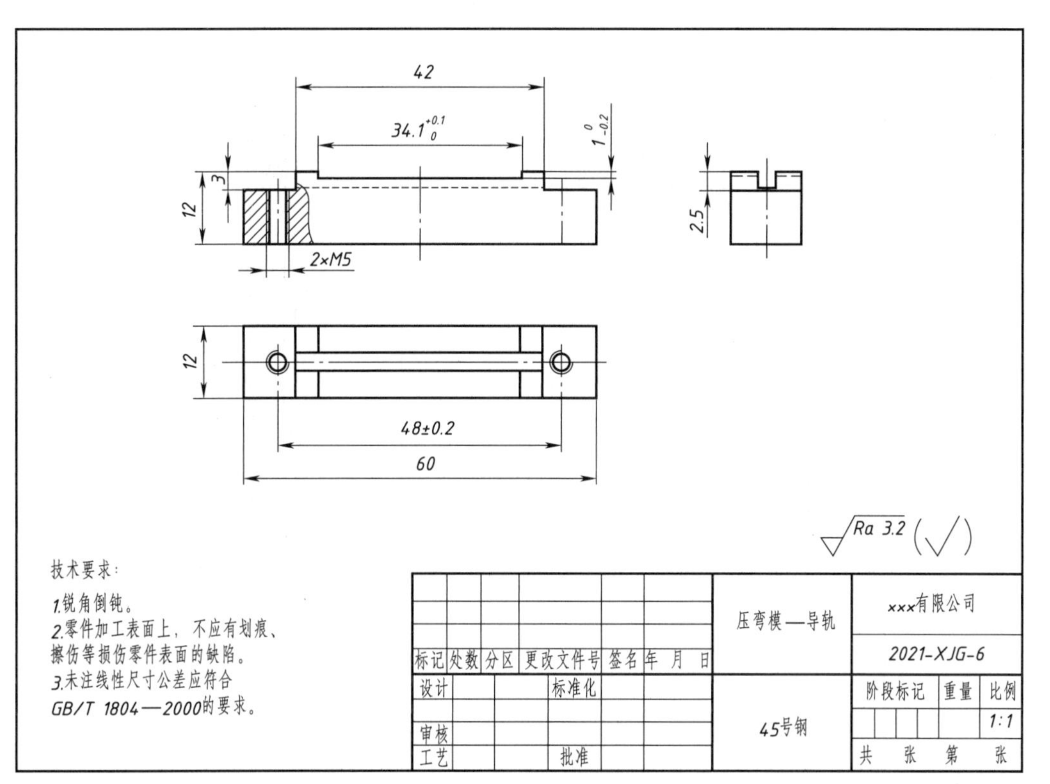

读书破万卷，下笔如有神。

工作页	项目九　压弯模	班级：	姓名：	
		学号：	日期：	页码：9-35
		学习领域：铣削加工技术		

（2）识读机械加工工艺过程卡片。

零件加工工艺	机械加工工艺过程卡片		产品型号		零件图号		总　页	第　页
			产品名称		零件名称		共　页	第　页
	材料牌号		毛坯种类		毛坯外形尺寸		每坯可制件数	
	每台件数		备注					

	工序号	工序名称	工序内容	车间	工段	设备	工艺装备	工时	
								准终	单件
	1	下料	62×14×14		锯		游标卡尺		
	2	铣削	铣平面、铣台阶、铣槽		铣	铣床	X6132、 游标卡尺、千分尺		
	3	去毛刺	各棱边		钳	台虎钳	锉刀		
	4	钳	划线、钻孔、攻丝		钳	钻床	游标卡尺		
	5	去毛刺	各棱边		钳	台虎钳	锉刀		
描图	6	检验	工序检验		检		游标卡尺、千分尺		
	7	检验	终检				游标卡尺、千分尺		
描校									
底图号									

									设计（日期）	校对（日期）	审核（日期）	标准化（日期）	会签（日期）
装订号													
	标记	处数	签字	日期	标记	处数	更改文件号	签字	日期				

没有最好，只有更好。

工作页	项目九　压弯模	班级：		姓名：
		学号：	日期：	页码：9-36
		学习领域：铣削加工技术		

机械加工工序卡片	产品型号		零件图号			
	产品名称	手动压弯模	零件名称	弯曲V形导轨	共　页	第　页

车间	工序号	工序名	材料牌号
		铣	45号钢
毛坯种类	毛坯外形尺寸	每坯可制件数	每台件数
	62×14×14	1件	1件
设备名称	设备型号	设备编号	同时加工件数
铣床	X6132	4	1件

夹具编号	夹具名称	切削液	
	平口钳	乳化液	
工位器具编号	工位器具名称	工序工时	
		准终	单件

工步号	工步内容	工艺装备	主轴转速/(r/min)	切削速度/(m/min)	进给量/(mm/min)	背吃刀量/mm	进给次数	工步工时 机动	工步工时 辅助
1	铣平面、去毛刺	平口钳、ϕ16铣刀、锉刀	375	18.86	70	1	1		
2	铣台阶、去毛刺	平口钳、ϕ16铣刀、锉刀	375	18.86	70	2.5	2		
3	铣槽、去毛刺	平口钳、小直径铣刀、锉刀	375	18.86	70	2.5	1		
4	检验	游标卡尺							

描图	描校	底图号	装订号

标记	处数	更改文件号	签字	日期	标记	处数	更改文件号	签字	日期	设计	审核	标准化	会签

少一些牢骚，多一点思考；少一些盲从，多一点主见。

工作页	项目九　压弯模	班级：		姓名：
		学号：	日期：	页码：9-37
		学习领域：铣削加工技术		

机械加工工序卡片

产品型号		零件图号			
产品名称	手动压弯模	零件名称	弯曲V形导轨	共　页	第　页

车间	工序号	工序名	材料牌号
		钳	45号钢
毛坯种类	毛坯外形尺寸	每坯可制件数	每台件数
	60×12×12	1件	1件
设备名称	设备型号	设备编号	同时加工件数
钻床		1	1件

夹具编号	夹具名称	切削液	
	平口钳	乳化液	
工位器具编号	工位器具名称	工序工时	
		准终	单件

工步号	工步内容	工艺装备	主轴转速/(r/min)	切削速度/(m/min)	进给量/(mm/min)	背吃刀量/mm	进给次数	工步工时 机动	工步工时 辅助
1	钻孔	平口钳，$\phi4$、$\phi2$ 钻头							
2	攻丝	台虎钳、M5丝锥							
3	去毛刺	台虎钳、锉刀							
4	检验	游标卡尺、千分尺							

描图	描校	底图号	装订号

设计	审核	标准化	会签

标记	处数	更改文件号	签字	日期	标记	处数	更改文件号	签字	日期

及时当勉励，岁月不待人。

工作页	项目九　压弯模	班级：		姓名：
		学号：	日期：	页码：9-38
		学习领域：铣削加工技术		

（3）填写表 9-14 的工、量具清单并领取工、量具。

表 9-14　工、量具领用清单

序　号	工、量具名称	规　格	数　量	需 领 用

（4）阅读表 9-15 导轨加工步骤。

表 9-15　导轨加工步骤

操作步骤	操作要点	图　示
下料	用游标卡尺测量毛坯尺寸，确保毛坯有足够余量	
铣各平面、去毛刺	注意零件的基准选择，尽可能基准统一。 在普铣加工中粗铣选择逆铣，精铣选择顺铣。 每一个平面加工完后，毛刺要处理干净，否则会影响零件尺寸	
铣台阶、铣槽、去毛刺	在一次装夹中完成铣两侧台阶后，用小直径铣刀铣槽	
划线、钻孔、攻丝、去毛刺	按照零件图要求钻孔	
检验	按照图纸要求检测零件	

青春没有失败，只要亮出风采。

<table>
<tr><td rowspan="3">工作页</td><td rowspan="3">项目九　压弯模</td><td colspan="2">班级：</td><td>姓名：</td></tr>
<tr><td>学号：</td><td>日期：</td><td>页码：9-39</td></tr>
<tr><td colspan="3">学习领域：铣削加工技术</td></tr>
</table>

温馨提示

① 零件加工时戴好护目镜，不允许戴手套，女同学必须戴工帽；

② 加工槽时对刀要准确，不能偏；

③ 该件可以采用先面后孔的原则；

④ 槽处分层加工；

⑤ 零件加工完毕后及时测量工件，发现问题及时解决；

⑥ 实训全过程 6S。

（5）问题分析。

在零件加工过程中遇到了哪些问题？是如何解决的？

完成以上内容，请与老师沟通。

探索创新，精益求精。

工作页	项目九　压弯模	班级：		姓名：
		学号：	日期：	页码：9-40
		学习领域：铣削加工技术		

导轨质量检查评分表（见表 9-16）。

表 9-16　弯曲 V 形导轨质量检查评分表

序号	检测内容	检测项目	评分标准	分值	自评结果	互评结果	师评结果	得分
1	外轮廓	60	超差不得分	5				
		12	超差不得分	5				
		12	超差不得分	6				
		42	超差不得分	8				
		$34.1^{+0.1}_{0}$	超差不得分	8				
		$1^{0}_{-0.2}$	不合格不得分	10				
		Ra	超差不得分	2				
2	槽	3	超差不得分	3				
		2.5	超差不得分	2				
3	螺纹	M5	超差不得分	4				
		48 ± 0.2	超差不得分	2				
4	工艺过程	加工路线	酌情扣除	5				
		机械加工工序卡	符合标准程度	10				
		刀具选用	符合标准程度	2				
		正确进行铣床使用与维护保养	符合标准程度	3				
5	安全文明生产	正确执行安全技术操作规程	符合标准程度	5				
		正确穿戴工作服	符合标准程度	5				
6	职业素养	6S 及职业规范	符合标准程度	10				
总分								

勤思善想，奋发有为，自强不息，敢为人先。

工作页	项目九　压弯模	班级：		姓名：
		学号：	日期：	页码：9-41
		学习领域：铣削加工技术		

7．偏心轮零件加工。

（1）偏心轮零件图。

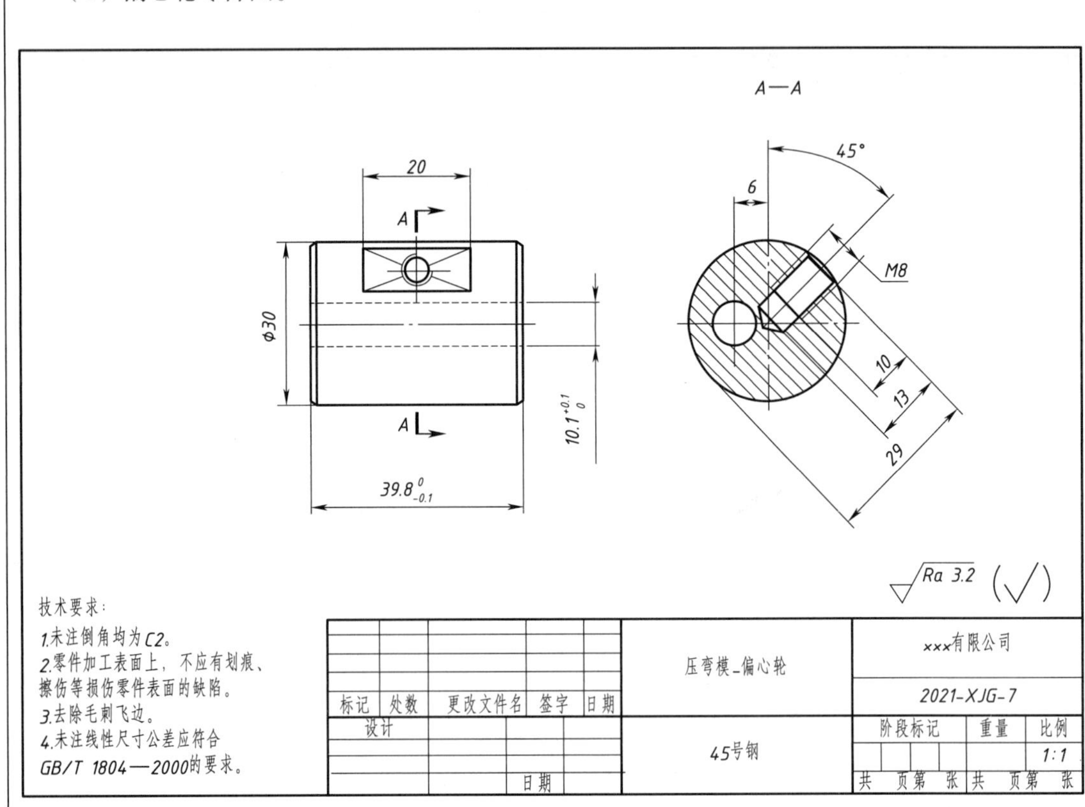

天下大事必作于细。

工作页	项目九　压弯模	班级：		姓名：
		学号：	日期：	页码：9-42
		学习领域：铣削加工技术		

（2）识读并根据工艺卡片加工零件。

零件加工工艺	机械加工工艺过程卡片	产品型号		零件图号		总　页	第　页
		产品名称	手动压弯模	零件名称	偏心轮	共　页	第　页

材料牌号	11SMn30+C	毛坯种类		毛坯外形尺寸		每坯可制件数	1 件	每台件数	1 件	备注	

	工序号	工序名称	工序内容	车间	工段	设备	工艺装备	工时 准终	工时 单件
	1	下料	$\phi35\times90$		锯		游标卡尺		
	2	车	车削 $\phi30$、倒角		车	车床	CDE6140A、游标卡尺、千分尺		
	3	车	掉头车全长、倒角		车	车床	CDE6140A、游标卡尺、千分尺		
	4	铣	铣扁 20 mm、去毛刺		铣	铣床	X6132、游标卡尺、千分尺		
	5	钳	划线、钻孔、攻丝、偏心孔、去毛刺		钳	台虎钳	丝锥		
描图	6	检验	工序检验		检		游标卡尺、千分尺		
	7	检验	终检				游标卡尺、千分尺		
描校									
底图号									

									设计（日期）	校对（日期）	审核（日期）	标准化（日期）	会签（日期）
装订号													
	标记	处数	签字	日期	标记	处数	更改文件号	签字	日期				

学习，永远不晚。

工作页	项目九　压弯模	班级：	姓名：	
		学号：	日期：	页码：9-43
		学习领域：铣削加工技术		

机械加工工序卡片

产品型号		零件图号			
产品名称	手动压弯模	零件名称	偏心轮	共　页	第　页

车间	工序号	工序名	材料牌号
		车	45号钢
毛坯种类	毛坯外形尺寸	每坯可制件数	每台件数
	ϕ35×90	1 件	1 件
设备名称	设备型号	设备编号	同时加工件数
车床	CDE6140A	1 号	1 件

夹具编号	夹具名称	切削液	
	三爪卡盘	乳化液	
工位器具编号	工位器具名称	工序工时	
		准终	单件

工步号	工步内容	工艺装备	主轴转速/(r/min)	切削速度/(m/min)	进给量/(mm/r)	背吃刀量/mm	进给次数	工步工时 机动	工步工时 辅助
1	车 ϕ30 外圆、倒角	三爪卡盘、千分尺、游标卡尺	710	89.18	0.26	2			
2	掉头、车全长、倒角	游标卡尺	710	89.18	0.26	1			
3	检验	游标卡尺							

描图		描校		底图号		装订号

标记	处数	更改文件号	签字	日期	标记	处数	更改文件号	签字	日期	设计	审核	标准化	会签

小事成就大事，细节成就完美。

工作页	项目九　压弯模	班级：		姓名：
		学号：	日期：	页码：9-44
		学习领域：铣削加工技术		

	机械加工工序卡片	产品型号		零件图号			
		产品名称	手动压弯模	零件名称	偏心轮	共　页	第　页

车间	工序号	工序名	材料牌号
	4	铣	45号钢
毛坯种类	毛坯外形尺寸	每坯可制件数	每台件数
	30×39.8	1件	1件
设备名称	设备型号	设备编号	同时加工件数
车床	CDE6140A	1号	1件

夹具编号	夹具名称	切削液	
	机用平口钳	乳化液	
工位器具编号	工位器具名称	工序工时	
		准终	单件

20　C2　29

工步号	工步内容	工艺装备	主轴转速/(r/min)	切削速度/(m/min)	进给量/(mm/r)	背吃刀量/mm	进给次数	工步工时 机动	工步工时 辅助
1	铣扁	平口钳、游标卡尺、千分尺	475	23.86	70	1			
2	去毛刺								
3	检验	游标卡尺							

描图	描校	底图号	装订号

标记	处数	更改文件号	签字	日期	标记	处数	更改文件号	签字	日期	设计	审核	标准化	会签

古云此日足可惜，吾辈更应惜秒阴。

工作页	项目九　压弯模	班级：		姓名：
		学号：	日期：	页码：9-45
		学习领域：铣削加工技术		

机械加工工序卡片	产品型号		零件图号			
	产品名称	手动压弯模	零件名称	偏心轮	共　页	第　页

车间	工序号	工序名	材料牌号
		钳	45号钢
毛坯种类	毛坯外形尺寸	每坯可制件数	每台件数
	ϕ30×39.8	1 件	1 件
设备名称	设备型号	设备编号	同时加工件数
钻床		1 号	1 件

夹具编号	夹具名称	切削液	
	平口钳	乳化液	
工位器具编号	工位器具名称	工序工时	
		准终	单件

工步号	工步内容	工艺装备	主轴转速/(r/min)	切削速度/(m/min)	进给量/(mm/min)	背吃刀量/mm	进给次数	工步工时 机动	工步工时 辅助
1	划线	划针							
2	钻螺纹底孔、偏心孔	V 形铁							
3	攻丝	丝锥							
4	倒毛刺								

											设计	审核	标准化	会签
描图														
描校														
底图号														
装订号														
	标记	处数	更改文件号	签字	日期	标记	处数	更改文件号	签字	日期				

逝者如斯夫，不舍昼夜。

工作页	项目九　压弯模	班级：		姓名：
		学号：	日期：	页码：9-46
		学习领域：铣削加工技术		

温馨提示

① 零件加工时戴好护目镜，不允许戴手套，女同学必须戴工帽；

② 加工 45° 方向的平面和螺纹时可以在分度头上完成或制作专用夹具完成；

③ 在一次装夹过程中尽可能完成所有加工；

④ 零件加工时不允许测量工件，不允许用手触摸工件表面；

⑤ 零件加工完毕后及时测量工件，发现问题及时解决；

⑥ 实训全过程 6S。

（3）问题分析。

在零件加工过程中你遇到了哪些问题？是如何解决的？

完成以上内容，请与老师沟通。

人生一定要有规划，这样的人生才不会偏航。

<table>
<tr><td rowspan="3">工作页</td><td rowspan="3">项目九　压弯模</td><td colspan="2">班级：</td><td>姓名：</td></tr>
<tr><td>学号：</td><td>日期：</td><td>页码：9-47</td></tr>
<tr><td colspan="3">学习领域：铣削加工技术</td></tr>
</table>

偏心轮质量检查评分表（见表 9-17）。

表　9-17

序号	检测内容	检测项目	评分标准	分值	自评结果	互评结果	师评结果	得分
1	外圆	$\phi30$	超差不得分	5				
		$39.8_{-0.1}^{0}$	超差不得分	5				
		13	超差不得分	6				
		45°	超差不得分	8				
		$\phi10.1_{0}^{+0.1}$	超差不得分	5				
		M8	超差不得分	10				
		10	超差不得分	4				
		Ra	超差不得分	2				
2	倒角	*C*2	超差不得分	5				
	铣扁	20	超差不得分	5				
	偏心距	6	超差不得分	5				
3	工艺过程	加工路线	酌情扣除	5				
		机械加工工序卡	符合标准程度	10				
		刀具选用	符合标准程度	2				
		正确进行铣床使用与维护保养	符合标准程度	3				
4	安全文明生产	正确执行安全技术操作规程	符合标准程度	5				
		正确穿戴工作服	符合标准程度	5				
5	职业素养	6S 及职业规范	符合标准程度	10				
总分								

耐心是一切聪明才智的基础。

工作页	项目九　压弯模	班级：		姓名：
		学号：	日期：	页码：9-48
		学习领域：铣削加工技术		

8. 冲头零件加工

（1）冲头零件图。

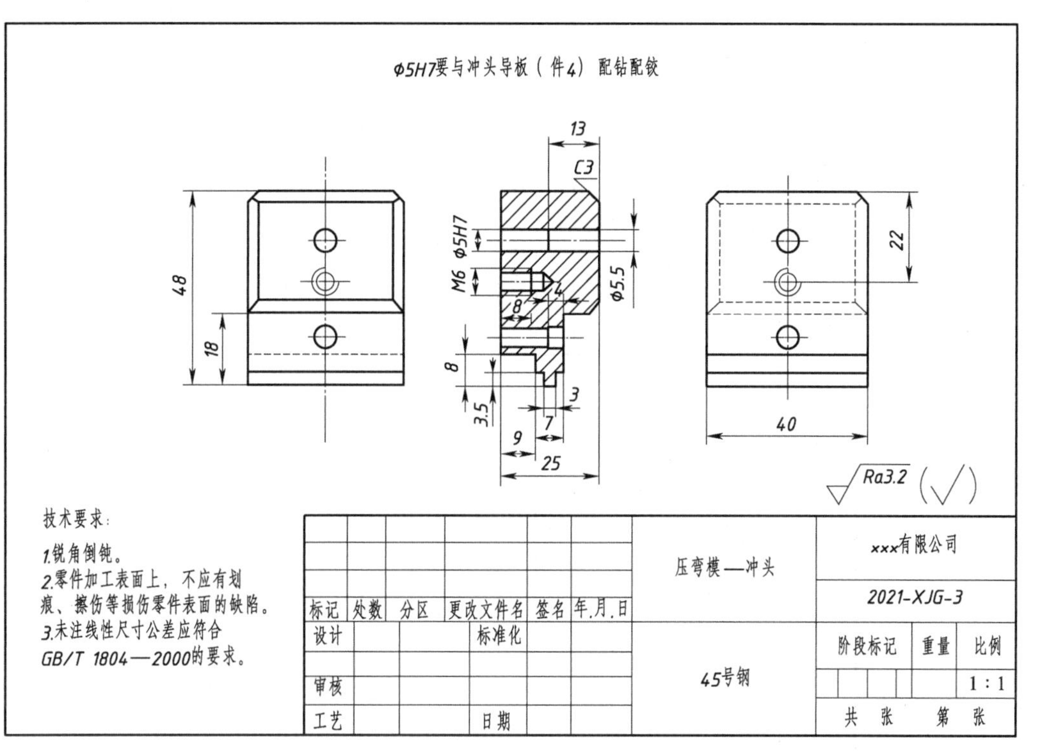

书到用时方恨少，事非经过不知难。

工作页	项目九　压弯模	班级：	姓名：
		学号：　日期：	页码：9-49
		学习领域：铣削加工技术	

（2）识读并根据工艺卡片加工零件。

零件加工工艺	机械加工工艺过程卡片	产品型号		零件图号		总　页	第　页
		产品名称		零件名称		共　页	第　页
材料牌号		毛坯种类		毛坯外形尺寸		每坯可制件数	
每台件数		备注					

	工序号	工序名称	工序内容	车间	工段	设备	工艺装备	工时 准终	工时 单件
	1	下料	42×50×27		锯		游标卡尺		
	2	铣削	铣平面、倒斜角		铣	铣床	X6132、游标卡尺、千分尺		
	3	去毛刺	各棱边		钳	台虎钳	锉刀		
	4	钳	划线、钻孔、攻丝		钳	钻床	X6132、游标卡尺		
	5	去毛刺	各棱边		钳	台虎钳	锉刀		
描图	6	铣	冲头部分		铣	铣床	X6132、游标卡尺、V形铁		
描校	7	检验	终检				游标卡尺、千分尺		
底图号									

										设计（日期）	校对（日期）	审核（日期）	标准化（日期）	会签（日期）
装订号														
	标记	处数	签字	日期	标记	处数	更改文件号	签字	日期					

精益求精的内涵：注重细节，追求完美和极致，不惜花费时间精力，反复改进。

工作页	项目九　压弯模	班级：		姓名：
		学号：	日期：	页码：9-50
		学习领域：铣削加工技术		

机械加工工序卡片

产品型号		零件图号			
产品名称	手动压弯模	零件名称	弯曲冲头	共　页	第　页

车间	工序号	工序名	材料牌号
		铣	45号钢
毛坯种类	毛坯外形尺寸	每坯可制件数	每台件数
	42×50×27	1件	1件
设备名称	设备型号	设备编号	同时加工件数
铣床	X6132	4	1件

夹具编号	夹具名称	切削液	
	平口钳	乳化液	
工位器具编号	工位器具名称	工序工时	
		准终	单件

C3　48　18　40　25

工步号	工步内容	工艺装备	主轴转速/(r/min)	切削速度/(m/min)	进给量/(mm/min)	背吃刀量/mm	进给次数	工步工时 机动	工步工时 辅助
1	铣平面、去毛刺	平口钳　ϕ16铣刀、锉刀	475	23.86	70	5	1		
2	铣斜角、去毛刺	平口钳　ϕ16铣刀、锉刀	475	23.86	70	3	1		
3	检验	游标卡尺							

描图　描校　底图号　装订号

标记	处数	更改文件号	签字	日期	标记	处数	更改文件号	签字	日期	设计	审核	标准化	会签

严谨的内涵：一丝不苟，遵守规矩。

工作页	项目九　压弯模	班级：		姓名：
		学号：	日期：	页码：9-51
		学习领域：铣削加工技术		

机械加工工序卡片

产品型号		零件图号			
产品名称	手动压弯模	零件名称	弯曲冲头	共　页	第　页

车间	工序号	工序名	材料牌号
		钳	45号钢
毛坯种类	毛坯外形尺寸	每坯可制件数	每台件数
	40×48×25	1件	1件
设备名称	设备型号	设备编号	同时加工件数
钻床		1	1件

夹具编号	夹具名称	切削液	
	平口钳	乳化液	
工位器具编号	工位器具名称	工序工时	
		准终	单件

工步号	工步内容	工艺装备	主轴转速/(r/min)	切削速度/(m/min)	进给量/(mm/min)	背吃刀量/mm	进给次数	工步工时	
								机动	辅助
1	划线	划针、高度游标卡尺							
2	钻孔	平口钳、$\phi 5$钻头							
3	攻丝	台虎钳、M6丝锥							
4	去毛刺	台虎钳、锉刀							
5	检验	游标卡尺、千分尺							

描图	描校	底图号	装订号

标记	处数	更改文件号	签字	日期	标记	处数	更改文件号	签字	日期	设计	审核	标准化	会签

专业敬业的内涵：耐心，坚持。在专业领域不断追求进步。对专业、对工作执着。

工作页	项目九　压弯模	班级：		姓名：
		学号：	日期：	页码：9-52
		学习领域：铣削加工技术		

机械加工工序卡片

产品型号		零件图号			
产品名称	手动压弯模	零件名称	弯曲冲头	共　页	第　页

车间	工序号	工序名	材料牌号
		铣	45号钢
毛坯种类	毛坯外形尺寸	每坯可制件数	每台件数
	40×48×25	1 件	1 件
设备名称	设备型号	设备编号	同时加工件数
铣床	X6132	4	1 件

夹具编号	夹具名称	切削液	
	平口钳	乳化液	
工位器具编号	工位器具名称	工序工时	
		准终	单件

工步号	工步内容	工艺装备	主轴转速/(r/min)	切削速度/(m/min)	进给量/(mm/min)	背吃刀量/mm	进给次数	工步工时 机动	工步工时 辅助
1	铣削加工冲头	游标卡尺							
2	检验	游标卡尺							

描图	描校	底图号	装订号

标记	处数	更改文件号	签字	日期	标记	处数	更改文件号	签字	日期	设计	审核	标准化	会签

单丝不成线，独木不成林。

<table>
<tr><td rowspan="3">工作页</td><td rowspan="3">项目九　压弯模</td><td colspan="2">班级：</td><td>姓名：</td></tr>
<tr><td>学号：</td><td>日期：</td><td>页码：9-53</td></tr>
<tr><td colspan="3">学习领域：铣削加工技术</td></tr>
</table>

温馨提示

①零件加工时戴好护目镜，不允许戴手套，女同学必须戴工帽；

②严格按照工艺卡片过程加工；

③零件加工完毕后及时测量工件，发现问题及时解决；

④零件加工时不允许测量工件，不允许用手触摸工件表面；

⑤实训全过程6S。

（3）问题分析。

在零件加工过程中你遇到了哪些问题？是如何解决的？

完成以上内容，请与老师沟通。

拥有工匠精神，拥有内外丰盛的人生。

工作页	项目九　压弯模	班级：		姓名：
		学号：	日期：	页码：9-54
		学习领域：铣削加工技术		

冲头质量检查评分表（见表 9-18）。

表 9-18　冲头质量检查评分表

序号	检测内容	检测项目	评分标准	分值	自评结果	互评结果	师评结果	得分
1	外轮廓	40	超差不得分	5				
		48	超差不得分	5				
		25	超差不得分	5				
	冲头	18	超差不得分	5				
		7	超差不得分	5				
		9	超差不得分	5				
		3	不合格不得分	5				
		3.5	超差不得分	5				
		8	超差不得分	4				
2	孔距	ϕ5H7	超差不得分	3				
		ϕ5.5	超差不得分	3				
		M6	超差不得分	2				
		4	超差不得分	2				
		22	超差不得分	5				
3	工艺过程	加工路线	酌情扣除	5				
		机械加工工序卡	符合标准程度	10				
		刀具选用	符合标准程度	2				
		正确进行铣床使用与维护保养	符合标准程度	3				
4	安全文明生产	正确执行安全技术操作规程	符合标准程度	5				
		正确穿戴工作服	符合标准程度	5				
5	职业素养	6S 及职业规范	符合标准程度	10				
总分								

与金钱相比，工作中获得的能力、成长、经历、经验、尊重更有价值。

工作页	项目九　压弯模	班级：		姓名：
		学号：	日期：	页码：9-55
		学习领域：铣削加工技术		

9. 手柄零件加工。

（1）手柄零件图。

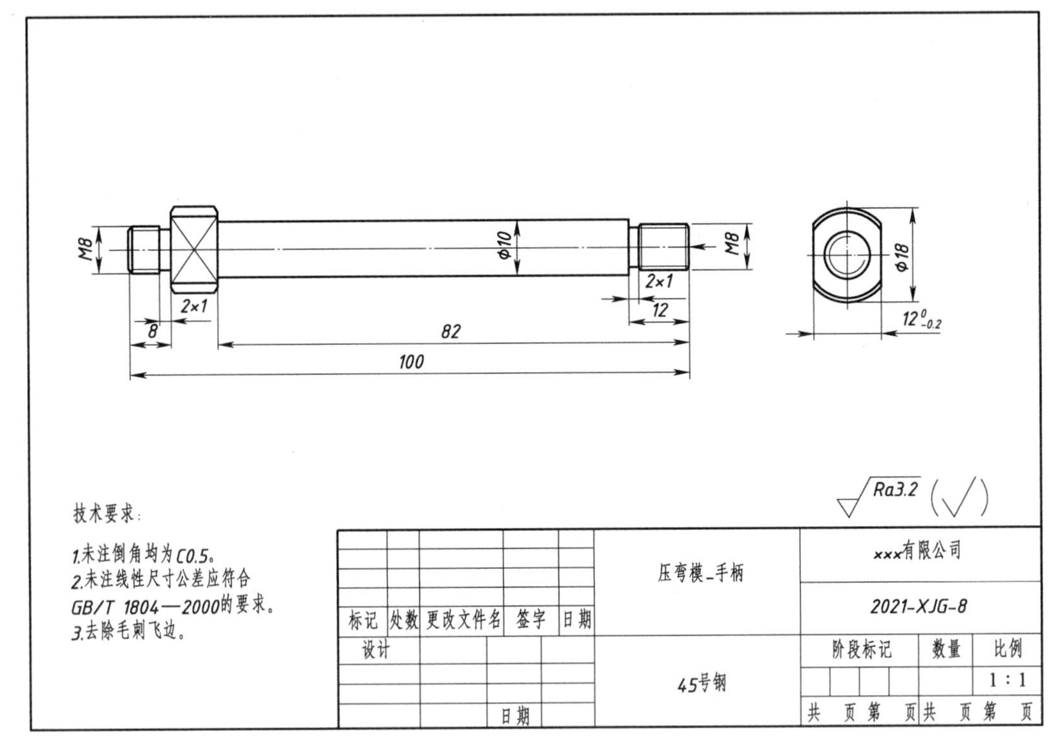

要真正把自己的工作当作事业来做，而且坚持，负责地做下去。

工作页	项目九　压弯模	班级：		姓名：
		学号：	日期：	页码：9-56
		学习领域：铣削加工技术		

（2）识读并根据工艺卡片进行零件加工。

零件加工工艺	机械加工工艺过程卡片	产品型号		零件图号		总　页	第　页
		产品名称		零件名称		共　页	第　页

材料牌号		毛坯种类		毛坯外形尺寸		每坯可制件数		每台件数		备注	

	工序号	工序名称	工序内容	车间	工段	设备	工艺装备	工时 准终	工时 单件
	1	下料	20×102		锯		游标卡尺		
	2	车	车削$\phi10$、M8		车	车床	CDE6140A、游标卡尺、千分尺		
	3	车	车削 M8、$\phi18$、倒角 $C1$		车	车床	CDE6140A、游标卡尺、千分尺		
	4	铣	铣扁 $12_{-0.2}^{0}$		铣	铣床	X6132、游标卡尺、千分尺		
	5	检验	工序检验		检		游标卡尺、千分尺		
描图	6	检验	终检				游标卡尺、千分尺		
描校									
底图号									

										设计（日期）	校对（日期）	审核（日期）	标准化（日期）	会签（日期）
装订号														
	标记	处数	签字	日期	标记	处数	更改文件号	签字	日期					

我愿永远做一个螺丝钉。

工作页	项目九　压弯模	班级：		姓名：
		学号：	日期：	页码：9-57
		学习领域：铣削加工技术		

机械加工工序卡片

产品型号		零件图号			
产品名称	手动压弯模	零件名称	手柄	共　页	第　页

车间	工序号	工序名	材料牌号
		车	45号钢
毛坯种类	毛坯外形尺寸	每坯可制件数	每台件数
	ϕ20×102	1 件	1 件
设备名称	设备型号	设备编号	同时加工件数
车床	CDE6140A	1 号	1 件

夹具编号	夹具名称	切削液	
	三爪卡盘	乳化液	
工位器具编号	工位器具名称	工序工时	
		准终	单件

	工步号	工步内容	工艺装备	主轴转速/(r/min)	切削速度/(m/min)	进给量/(mm/r)	背吃刀量/mm	进给次数	工步工时 机动	工步工时 辅助
	1	钻中心孔	钻夹头、A型中心钻3.2A1.8							
	2	车ϕ10、M8 外圆	三爪卡盘、千分尺、游标卡尺	710	44.588	0.26	1			
描图	3	切槽	游标卡尺	1	44.588	0.26				
	4	倒角	游标卡尺							
描校	5	套丝	M8 板牙							
	6	检验	游标卡尺							
底图号										

										设计	审核	标准化	会签	
装订号														
	标记	处数	更改文件号	签字	日期	标记	处数	更改文件号	签字	日期				

世界上最光荣的事——劳动。

工作页	项目九　压弯模	班级：		姓名：
		学号：	日期：	页码：9-58
		学习领域：铣削加工技术		

机械加工工序卡片

产品型号		零件图号			
产品名称	手动压弯模	零件名称	手柄	共　页	第　页

车间	工序号	工序名	材料牌号
	3	车	45号钢
毛坯种类	毛坯外形尺寸	每坯可制件数	每台件数
	ϕ20×107	1 件	1 件
设备名称	设备型号	设备编号	同时加工件数
车床	CDE6140A	1 号	1 件

夹具编号	夹具名称	切削液	
	三爪卡盘	乳化液	
工位器具编号	工位器具名称	工序工时	
		准终	单件

100　8　2×1　M8　C1

工步号	工步内容	工艺装备	主轴转速 r/min	切削速度 m/min	进给量 mm/r	背吃刀量 mm	进给次数	工步工时 机动	工步工时 辅助
1	车ϕ18、M8 外圆	三爪卡盘、千分尺、游标卡尺	710	44.588	0.26	2			
2	切槽	游标卡尺	710	44.588	0.26				
3	倒角	游标卡尺							
4	套丝	M8 板牙							
5	检验	游标卡尺							

描图	描校	底图号	装订号

标记	处数	更改文件号	签字	日期	标记	处数	更改文件号	签字	日期	设计	审核	标准化	会签

世界上最体面的人——劳动者。

工作页	项目九　压弯模	班级：		姓名：
		学号：	日期：	页码：9-59
		学习领域：铣削加工技术		

机械加工工序卡片

产品型号		零件图号			
产品名称	手动压弯模	零件名称	手柄	共　页	第　页

车间	工序号	工序名	材料牌号
	4	铣	45号钢
毛坯种类	毛坯外形尺寸	每坯可制件数	每台件数
	$\phi18\times100$	1 件	1 件
设备名称	设备型号	设备编号	同时加工件数
铣床	X6132	1 号	1 件

夹具编号	夹具名称	切削液	
	机用平口钳	乳化液	
工位器具编号	工位器具名称	工序工时	
		准终	单件

$\phi18$

$12^{0}_{-0.2}$

工步号	工步内容	工艺装备	主轴转速/(r/min)	切削速度/(m/min)	进给量/(mm/min)	背吃刀量/mm	进给次数	工步工时 机动	工步工时 辅助
1	铣扁	平口钳、游标卡尺、千分尺							
2	去毛刺								
3	检验	游标卡尺							

描图		描校		底图号		装订号	

										设计	审核	标准化	会签	
标记	处数	更改文件号	签字	日期	标记	处数	更改文件号	签字	日期					

不经风雨，长不成大树。

<table>
<tr><td rowspan="3">工作页</td><td rowspan="3">项目九　压弯模</td><td colspan="2">班级：</td><td>姓名：</td></tr>
<tr><td>学号：</td><td>日期：</td><td>页码：9-60</td></tr>
<tr><td colspan="3">学习领域：铣削加工技术</td></tr>
</table>

温馨提示

①零件加工时戴好护目镜，不允许戴手套，女同学必须戴工帽；

②车削该零件时注意装夹长度，精加工前要试切；

③装夹圆棒料时要采用 V 形铁等；

④零件加工完毕后及时测量工件，发现问题及时解决；

⑤实训全过程 6S。

（3）问题分析。

在零件加工过程中你遇到了哪些问题？是如何解决的？

完成以上内容，请与老师沟通。

不受百炼，难以成钢。

工作页	项目九　压弯模	班级：		姓名：
		学号：	日期：	页码：9-61
		学习领域：铣削加工技术		

手柄质量检查评分表（见表9-19）。

表9-19　手柄质量检查评分表

序号	检测内容	检测项目	评分标准	分值	自评结果	互评结果	师评结果	得　分
1	外圆	$\phi10$	超差不得分	5				
		82	超差不得分	10				
		M8	超差不得分	10				
		12	超差不得分	8				
		$\phi18$	超差不得分	5				
		8	超差不得分	5				
		Ra	超差不得分	2				
2	倒角	*C*0.5	超差不得分	5				
	铣扁	$12_{-0.2}^{0}$	超差不得分	5				
	槽	2×1	超差不得分	5				
3	工艺过程	加工路线	酌情扣除	5				
		机械加工工序卡	符合标准程度	10				
		刀具选用	符合标准程度	2				
		正确进行铣床使用与维护保养	符合标准程度	3				
4	安全文明生产	正确执行安全技术操作规程	符合标准程度	5				
		正确穿戴工作服	符合标准程度	5				
5	职业素养	6S及职业规范	符合标准程度	10				
总分								

工匠精神不是枯燥机械的、僵硬死板的，而是一种热爱工作的精神，是一种精益求精的态度，它不只是一种付出，更是一种获得。

工作页	项目九　压弯模	班级：		姓名：
		学号：	日期：	页码：9-62
		学习领域：铣削加工技术		

纠错

1. 学生工作演示。
2. 教师过程纠错及6S点评。

结果

1. 自我评价

□工件已按图纸加工并符合要求	□工件没有完成
□零件符合技术标准	□不符合
□零件检测方法操作正确	□不正确
□操作时遵循了“6S”的工作要求	□没遵循
□工作页已完成并提交	□工作页未完成　原因：________________

2. 教师评价

（1）工作页：

□已完成并提交

□未完成　未完成原因：________________

（2）工件：

□已完成并提交

□未完成　未完成的原因：________________

（3）6S评价：

□工具摆放整齐　　□工位清理干净　　□安全生产

教师签字：　　　　日期：

数十年如一日，全心全力做一件没有尽头的事。

<table>
<tr><td rowspan="3">工作页</td><td rowspan="3">项目九　压弯模</td><td colspan="2">班级：</td><td>姓名：</td></tr>
<tr><td>学号：</td><td>日期：</td><td>页码：9-63</td></tr>
<tr><td colspan="3">学习领域：铣削加工技术</td></tr>
</table>

温馨提示

可以将学习重点、难点、感悟、反思记录在此，方便自己记忆、理解、深度思考和复习。

三人行，必有我师焉；择其善者而从之，其不善者而改之。

作业 1

一、单选题（将正确答案填在(　　)内，每题 2 分，共 30 分）

1．铣床的一级保养是在机床运转(　　)h 后进行的。

A．200　　B．500　　C．1 000　　D．1 500

2．主轴与工作台面垂直的升降台铣床称为(　　)。

A．立式铣床　　B．卧式铣床　　C．万能铣床

3．X6132 型铣床的主体是(　　), 铣床的主要部件都安装在上面。

A．底座　　B．床身　　C．工作台

4．X6132 型铣床的主轴转速有(　　)种。

A．20　　B．25　　C．18

5．卧式铣床支架的主要作用是(　　)。

A．增加刀杆刚度　　B．紧固刀杆　　C．增加铣刀强度

6．X6132 型铣床的工作台横向最小自动进给量为(　　)mm/min。

A．23.5　　B．37.5　　C．8　　D．47.5

7．X6132 型铣床的最高转速是(　　)r/min。

A．1 180　　B．1 150　　C．1 500　　D．2 000

8．机械效率值永远(　　)。

A．是负数　　B．等于零　　C．小于 1　　D．大于 1

9．铣床一级保养部位包括外保养、(　　)、冷却、润滑、附件、电器等。

A．机械　　B．传动　　C．工作台　　D．变速箱

10．X6132 型铣床的工作台最大回转角度是(　　)。

A．45°　　B．30°　　C．±45°　　D．±30°

11．拆卸刀杆时，松开拉紧螺杆螺母后，用锤子敲击螺杆端部的作用是(　　)。

A．取下刀杆　　B．松开螺纹

C．使内外锥面脱开　　D．使键槽与键块脱开

12．六个基本视图的投影规律是：主、俯、仰、后长对正；(　　)高平齐；左、右、俯、仰宽相等。

A．主、后、左、右　　B．主、左、右、仰

C．主、俯、左、右　　D．主、俯、仰、后

13．局部视图的断裂边界应用(　　)表示。

A．点画线　　B．虚线　　C．波浪线　　D．细实线

14．理想尺寸是指零件图上所注(　　)值。

A．尺寸的基本　　B．尺寸的最大　　C．尺寸的最小

15．X6132 型铣床纵向工作台的底座在燕尾槽内作直线运动时，燕尾导轨间隙是由(　　)进行调整的。

A．螺母　　B．镶条　　C．手柄　　D．垫片

理想的书籍是聪明的钥匙。

二. 判断题（判断下列各题对错，正确的打“√”，错误的打“×”。每题 2 分，满分 30 分）

1. 铣床的种类很多，最常用的是立式铣床和卧式铣床。 （ ）
2. 立式铣床的主要特征是主轴与工作台面平行。 （ ）
3. 刀杆是铣床最常用的附件。 （ ）
4. 高速铣削和刃磨刀具时应戴好防护镜。 （ ）
5. 铣床操作前，应对各滑动部分注润滑油。 （ ）
6. 为了提高生产效率，允许在铣削完毕后不停止铣刀运转装拆工件。 （ ）
7. 在操作铣床过程中，不允许操作人在自动进给时离开机床，以免发生事故。 （ ）
8. 操作过程中，若机床发生故障，应立即通知维修人员，以便及时进行修理。 （ ）
9. 测量被加工工件和擦拭铣床必须在机床停机时进行，以免发生事故。 （ ）
10. 铣削过程中的运动分为主运动和进给运动。 （ ）
11. 铣削过程中的进给运动是铣削运动的主运动。 （ ）
12. 操作铣床允许戴手套操作。 （ ）
13. 调整铣床上的各种螺钉、螺母，最好使用活扳手。 （ ）
14. 应用铣床加工的平面都比较小，无法加工较大的箱体类零件的平面。 （ ）
15. 高精度的齿轮通常在铣床上铣削加工。 （ ）

三、填空题（共 40 分）

1. 什么是铣削？（10 分）

2. 填写铣削的基本内容？（30 分）

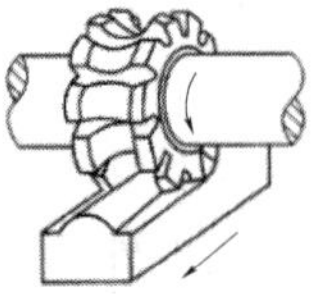

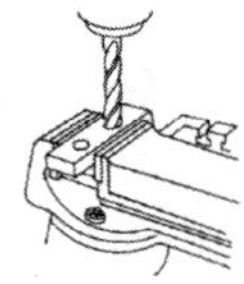

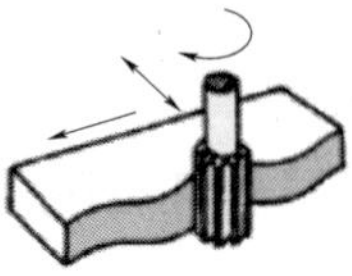

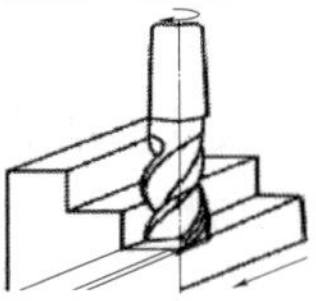

苦难是人生的老师。

作业 2

一、单选题（将正确的答案填在（　　）内，每题 2 分，满共 30 分）

1．铣床上用的各种虎钳都是（　　）夹具。

A．专用　　B．通用　　C．组合　　D．特殊

2．铣床的润滑对于其加工精度和（　　）影响极大。

A．生产效率　　B．切削功率　　C．使用寿命　　D．机械性能

3．（　　）是形状公差的两个项目。

A．直线度、平行度　　B．圆度、同轴度

C．圆度、圆柱度　　D．圆跳动、全跳动

4．读数值（精度）为 0.02 mm 的游标卡尺，游标 50 格刻线宽度与尺身（　　）格线宽度相等。

A．49　　B．39　　C．59　　D．69

5．发现有人触电时做法错误的是（　　）。

A．不能赤手空拳去拉触电者　　B．应用木杆强迫触电者脱离电源

C．应及时切断电源，并用绝缘体使触电者脱离电源

D．无绝缘物体时，应立即将触电者拖离电源

6．X6132 型卧式万能铣床工作台可以在（　　），可适应各种螺旋槽铣削。

A．水平面内回转　　B．水平面内移动

C．垂直面内移动　　D．垂直面内回转

7．X6132 型铣床工作台工作面积（宽 × 长）为（　　）。

A．320 mm × 1 250 mm　　B．1 250 mm × 320 mm

C．1 320 mm × 1 250 mm　　D．132 mm × 1 250 mm

8．万能铣床的横向工作台中间有回转盘，可供纵向工作台在（　　）范围内扳转所需要的角度。

A．± 45°　　B．± 30°　　C．45°　　D．30°

9．外径千分尺固定套筒上露出的读数为 15.5 mm，微分筒对准基准线数值为 37，则整个读数为（　　）。

A．15.87 mm　　B．15.37 mm　　C．19.20 mm　　D．52.5 mm

10．X6132 型铣床（　　）。

A．不能铣齿轮　　B．不能铣螺旋面

C．不能铣特形面　　D．可以铣削齿轮、螺旋面、特形面

11．在铣床上用机床用平口台虎钳装夹工件，其夹紧力是指向（　　）。

A．活动钳口　　B．虎钳导轨　　C．固定钳口

12．各种通用铣刀大多数采用（　　）制造。

A．特殊用途高速钢　　B．通用高速钢　　C．硬质合金

13．铣刀每转过一分钟，工件相对于铣刀移动的距离称为（　　）。

A．铣削速度　　B．每齿进给量　　C．每转进给量　　D．进给速度

14．铣床床身一般用（　　）铸成，并经过精密的切削加工和时效处理。

A．球墨铸铁　　B．可锻铸铁　　C．不锈钢　　D．灰铸铁

15．划线可以确定(　　)，使工件加工有明确的尺寸界线。

A．工件的形状公差　　B．工件的位置公差

C．工件的加工余量　　D．以上答案都不对

二、判断题（判断下列各题对错，正确的打“√”，错误的打“×”。每题2分，满共30分）

1．铣床工作台移动尺寸的准确性主要靠刻度盘来保证。(　　)

2．表面粗糙度 *Ra* 评定参数值越大，则零件表面的光滑程度越高。(　　)

3．X6132型铣床的纵、横和垂直三个方向的进给运动都是互锁的。(　　)

4．铣床升降台可以带动工作台垂向移动。(　　)

5．铣床一级保养应由操作工人独立完成。(　　)

6．铣床无法加工螺旋槽工件。(　　)

7．机用平口虎钳、分度头是铣床常用的夹具和附件。(　　)

8．铣床夹具分为通用夹具和专用夹具两类。(　　)

9．用压板和螺栓装夹工件，属于一种常用的装夹方式，而不是一种通用夹具。(　　)

10．组合夹具就是将常用的夹具组合起来使用。(　　)

11．在铣削加工中，通常用于找正和测量工件的百分表是杠杆式百分表。(　　)

12．在铣床上使用的虎钳有多种形式，机用虎钳只是其中的一种常用形式。(　　)

13．平行垫块是使用机用虎钳装夹工件最常用的辅助用具，划针及划线盘是铣床常用的工具之一。(　　)

14．铣削加工的主要特点是刀具旋转、多刃切削。(　　)

15．卧式铣床支架的作用是支持刀杆远端，增加刀杆的刚度。(　　)

三、填空题（共40分）

1．将机床各部分的名称填至指定方框中。（每空1.5分）

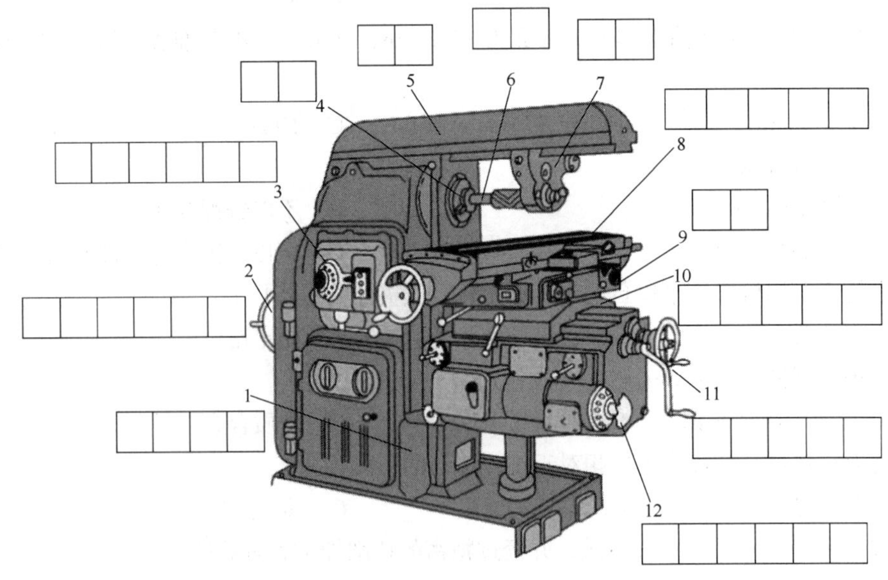

泪水只能换来同情，汗水却能赢得成功。

2．将铣刀名称填至指定方框中。（每空 2 分）

（1）

（2）

（3）

（4）

（5）

（6）

知识是珍贵宝石的结晶，文化是宝石放出的光泽。

作业 3

一、单选题（将正确答案填在（　　）内，每题 2 分，满共 30 分）

1. 工件在装夹时，必须使余量层（　　）钳口。

A. 稍低于　　B. 等于　　C. 稍高于　　D. 大量高出

2. 采用周铣法铣削平面，平面度的好坏主要取决于铣刀的（　　）。

A. 锋利程度　　B. 圆柱度　　C. 线速度　　D. 几何角度

3. 周铣时会使铣刀和工件产生周期性振动的是（　　）。

A. 顺铣　　B. 逆铣　　C. 对称铣削　　D. 不对称铣削

4. 可以采用顺铣的主要措施是（　　）。

A. 增加工件质量　　B. 减小自动进给量

C. 调整工作台轴向传动间隙　　D. 调整主轴间隙

5. 精铣时，确定铣削速度 v_c 应考虑（　　）。

A. 提高工件表面质量及铣刀耐用度　　B. 加工余量

C. 铣刀直径　　D. 走刀方向

6. 阶台、直角沟槽的（　　）不能用游标卡尺直接测出。

A. 宽度　　B. 表面粗糙度　　C. 深度　　D. 长度

7. 6132 型铣床工作台纵、横、垂直三个方向的运动部件与导轨之间的间隙大小，一般用摇开工作台手感的轻重来判断，也可以用（　　）来检验间隙大小，一般以不大于 0.04 mm 为宜。

A. 游标卡尺　　B. 百分表

C. 平分表　　D. 塞尺

8. ⌭是（　　）公差符号。

A. 同轴度　　B. 形状公差中的圆柱度

C. 位置公差的平行度　　D. 位置公差中的同轴度

9. 能获得较小表面粗糙度值的加工方法是（　　）。

A. 车削　　B. 刨削　　C. 锻造　　D. 磨削

10. 用平口钳装夹加工精度要求较高工件时，应用（　　）校正固定钳口与铣床主轴轴心线垂直或平行。

A. 百分表　　B. 90° 角尺　　C. 定位键　　D. 划针

11. 各种通用铣刀切削部分材料大多采用（　　）。

A. 结构钢　　B. 高速钢　　C. 硬质合金　　D. 碳素工具钢

12. 铣刀刀刃作用在工件上的力在进给方向上的分力与工件的进给方向相同时铣削方式称为（　　）。

A. 顺铣　　B. 逆铣　　C. 对称铣削　　D. 非对称铣削

13. 机床型号的首位是（　　）代号。

A. 通用特性　　B. 结构特性　　C. 类或分类

14. X6132 是常用的铣床型号，其中数字 32 表示（　　）。

A. 工作台面宽度 320 mm　　B. 工作台行程 3 200 mm

C. 主轴最高转速 320 r/min

对于一切事物，期望总比绝望好。

15．铣削是（　　）作主运动，工件或铣刀作进给运动的切削加工方法。

A．铣刀旋转　　B．铣刀移动　　C．工件旋转　　D．工件移动

二、判断题（判断下列各题对错，正确的打“√”，错误的打“×”。每题 2 分，满共 30 分）

1．粗铣加工时，应选用以润滑为主的切削液。（　　）

2．在铣削过程中，如果余量很少的情况下可选用顺铣，以便提高表面质量。（　　）

3．乳化液流动性好，比热容大，黏度小，冷却作用良好，并且有一定的润滑性能。（　　）

4．在机床的类代号中，字母“X”表示的是铣床。（　　）

5．在进行工件的装夹时，固定钳口和钳体导轨面必须擦拭干净。（　　）

6．铣刀切削部分材料的硬度在常温下一般为 60 HRC 以上。（　　）

7．利用普通铣床对工件进行加工时，顺铣和逆铣都是一样的。（　　）

8．千分尺的测量精度是 0.02 mm。（　　）

9．点的投影永远是点，线的投影永远是线。（　　）

10．对零部件有关尺寸规定的允许变动范围称为该尺寸的尺寸公差。（　　）

11．铣床主轴的转速越高，则铣削速度越大。（　　）

12．在铣削过程中，可以用手触摸工件表面。（　　）

13．零件图中的尺寸标注要求是完整、正确、清晰、合理。（　　）

14．刀具切削部位材料的硬度必须大于工件材料的硬度。（　　）

15．用刀口形直尺只能检验平面的直线度，不能检验平面的平面度。（　　）

三、简答题（共 40 分）

1．如果目前进给量是 115 mm/min，现需调整进给量为 150 mm/min，请写出其过程。（10 分）

2．如果目前转速是 30 r/min，现需调整转速为 475 r/min，请叙述其操作过程。（10 分）

3．什么是顺铣？什么是逆铣？各有什么特点？（20 分）

众人拾柴火焰高。

作业 4

一、单选题（将正确的答案填在（　　）内，每题 2 分，满共 30 分）

1．遵守法律法规要求（　　）。

A．积极工作　B．加强劳动协作　C．自觉加班　D．遵守安全操作规程

2．职业道德是（　　）。

A．社会主义道德体系的重要组成部分　B．保障从业者利益的前提

C．劳动合同订立的基础　D．劳动者的日常行为规则

3．职业道德的内容（　　）。

A．从业者的工作计划　B．职业道德行为规范

C．从业者享有的权利　D．从业者的工资收入

4．关于企业文化你认为正确的是（　　）。

A．企业文化是企业管理的重要因素　B．企业文化是企业的外在表现

C．我国的企业文化产生于改革开放的过程中

D．企业文化建设的核心内容是文娱和体育活动

5．测量完毕后，量具测量面应（　　）。

A．闭合　B．分离　C．闭合并锁紧　D．涂研磨剂

6．对于硬度高的材料，一般采用（　　）铣刀。

A．高速钢　B．硬质合金　C．通用　D．成形

7．用高速钢铣刀铣削调质硬度 HB 220 ~ 250 的中碳钢工件时，粗铣时铣削速度应控制在（　　）m/min。

A．5 ~ 10　B．10 ~ 15　C．15 ~ 25　D．25 ~ 30

8．夹紧机构应能调节（　　）的大小。

A．夹紧力　B．夹紧行程　C．离心力　D．切削力

9．麻花钻的导向部分有两条螺旋槽，作用是形成切削刃和（　　）。

A．排除气体　B．排除切屑　C．排除热量　D．减轻自重

10．切削液能从切削区域带走大量的（　　），降低刀具、工件温度，提高刀具寿命和加工质量。

A．切屑　B．切削热　C．切削力　D．振动

11．电器故障失火时，不能使用（　　）灭火。

A．四氯化碳　B．水　C．二氧化碳　D．干粉

12．沟槽深度和长度一般用（　　）测量，精度要求高时用（　　）测量。

A．游标卡尺　深度千分尺　B．游标卡尺　游标卡尺

C．深度千分尺　深度千分尺　D．深度千分尺　游标卡尺

13．ϕ30H8/f7 属于（　　）。

A．基轴制间隙配合　B．基孔制间隙配合

C．过渡配合，孔精度为 IT8 级　D．间隙配合，轴为 IT8 级精度

14．X6132 型铣床纵向工作台、横向工作台两端都设有（　　）。

A．行程开关　B．电源开关　C．按钮盘　D．主轴换向开关

决定问题，需要智慧，贯彻执行时则需要耐心。

15．不可用（　　）检验斜面与基准面之间的倾斜度。

A．万能角度尺　　B．角度样板　　C．正弦规　　D．游标卡尺

二、判断题（判断下列各题对错，正确的打“√”，错误的打“×”。每题2分，满共30分）

1. 用极限量规检验工件时，若通端能够通过，止端不能通过，则说明这个工件是合格的。（　　）

2．铣削过程中所选用的切削用量称为铣削用量，它包括铣削深度每齿进给量和铣削速度。（　　）

3．精铣时，为了减少工艺系统的振动，减小已加工表面的残留面积高度，一般选取较小的进给量。（　　）

4．用刀口形直尺只能检验平面的直线度，不能检验平面的平面度。（　　）

5．高速工具钢是以钨、铬、钼、钴为主要合金元素的高合金工具钢。（　　）

6．机械是机器和机构的总称。（　　）

7．设备的一级保养以操作者为主，维修人员配合。（　　）

8．立铣刀安装的与铣床主轴不同轴时，会产生径向跳动，使槽宽尺寸增大（　　）

9．因为毛坯表面的重复定位精度差，所以粗基准一般只能使用一次。（　　）

10．麻花钻的后角是变化的，靠近外缘处的后角最小，靠近钻心处的后角最大。（　　）

11．平行度的符号是//，垂直度的符号是⊥，圆度的符号是○。（　　）

12．安全、文明生产规则是保证零件加工的前提，但只要保证了安全就可以不按照操作规程加工。（　　）

13．利用普通铣床对工件进行加工时，顺铣和逆铣都是一样的。（　　）

14．装夹工件时，为了不使工件产生位移，夹（或压）紧力应尽量大，越大越好，越平。（　　）

15．工件从定位到夹紧的全过程，称为安装，使工件定位和夹紧的装置称为夹具。（　　）

三、简答题（共40分）

1．制造铣刀切削部分的材料应具备哪些基本性能？（10分）

2．切削液的作用是什么？（10分）

3．常用铣刀材料有哪两大类？各有什么特点？（20分）

读一本好书，就是和许多高尚的人谈话。

作业 5

一、单选题（将正确的答案填在（　　）内，每题 2 分，满共 30 分）

1. 粗铣时，限制进给里提高的主要因素是 (　　)。

A. 切削力　　B. 表面粗糙度　　C. 加工余量　　D. 加工刚度

2. 工件在机床上或在夹具中装夹时，用来确定加工表面相对于刀具切削位置的面称为 (　　)。

A. 测里基准　　B. 装配基准　　C. 设计基准　　D. 定位基准

3. 平口虎钳、分度头、回转工作台、心轴属于 (　　) 夹具。

A. 通用　　B. 专用　　C. 有通用夹具也有专用　　D. 组合

4. 用压板装夹工件时，螺栓应尽量靠近工件，压板数目一般不小于 (　　)。

A. 4 块　　B. 3 块　　C. 2 块　　D. 5 块

5. 切削时，切屑流出的那个面称为 (　　)。

A. 基面　　B. 切削平面　　C. 前刀面　　D. 加工表面

6. 铣削镁合金时，禁止使用 (　　) 切削液。

A. 水溶液　　B. 燃点高的矿物油

C. 燃点高的植物油　　D. 压缩空气

7. 铣削 T 形槽时，应 (　　)。

A. 先用立铣刀铣出槽底，再用 T 形槽铣刀铣出直角沟槽

B. 直接用 T 形槽铣刀铣出直角沟槽和槽底

C. 先用立铣刀铣出直角沟槽，再用 T 型槽铣刀铣出槽底

D. 先用 T 形槽铣刀铣出直角沟槽，再用 T 形槽铣刀铣出槽底

8. 铣削铸铁脆性金属或用硬质合金铣刀铣削时，一般 (　　) 切削液。

A. 加　　B. 不加

C. 加润滑为主的切削液　　D. 加冷却为主的切削液

9. T 形槽铣刀铣削时由于 (　　)，故应选用较小的铣削用量。

A. 排屑困难，铣刀强度较低　　B. 同时铣削直角沟槽及槽底

C. 铣刀转动转快　　D. 工件形状较复杂

10. 生产人员在质量管理方面必须做好“三按和一控”工作。一控指自控正确率，其正确率应达 (　　)。

A. 100%　　B. 98%　　C. 95%　　D. 93%

11. 切削试验的方法是：各部分运动均属正常后，即可进行切削试验，以进一步观察机床的运动情况，并检查加工件的精度是否符合 (　　) 的精度标准。

A. 图样要求　　B. 本工序要求

C. 机床说明书，上规定　　D. 本工步要求

12. 开展生产中安全保护工作，力争减少和消灭工伤事故，保障工人的生命安全；与职业病作斗争，防止和消除职业病，保障工人的身体健康；搞好劳逸结合，保证工人有适当的休息时间，搞好女职工和未成年工人的特殊保护工作。这一项工作属于 (　　) 范围。

真诚是处世行事的最好方法。

A．班组管理　　B．劳动纪律管理

C．劳动保护管理　　D．安全生产管理

13．圆柱铣刀、三面刃铣刀和锯片铣刀尺寸规格均以(　　)表示。

A．只标注外圆直径　　B．标出铣刀的号数

C．外圆直径 X 宽度 X 内孔直径　　D．标出模数．压力角

14．用 V 型架装夹工件一般适用于加工(　　)上的孔。

A．板形工件　B．圆柱面　C．圆盘端面　D．箱体

15．用平口虎钳装夹加工精度要求较高的工件时，应用(　　)校正固定钳口与铣床轴心线的垂直或平行。

A．百分表　B．90 度角尺　C．定位键　D．划针

二、判断题（判断下列各题对错，正确的打"√"，错误的打"×"。每题 2 分，满共 30 分）

1．铣削时，若切削作用力与进给方向相反，则会因存在丝杠螺母间隙而使工作台产生拉动现象。(　　)

2．安装锥柄铣刀是通过过渡套筒进行的，铣刀锥柄是莫氏锥度。(　　)

3．工件的装夹不仅要牢固可靠，还要求有正确的位置。(　　)

4．扩孔加工精度比钻孔加工高。(　　)

5．加工精度要求较高的键槽时，应该掌握粗精加工分开的原则。(　　)

6．识读装配图首先要看标题栏和明细栏。(　　)

7．灰口铸铁组织时钢的基体上分布有片状石墨,灰口铸铁的抗压强度远大于抗拉强度。(　　)

8．铣削内轮廓时，外拐角圆弧半径必须大于刀具半径。(　　)

9．职业纪律中包括群众纪律。(　　)

10．粗加工、断续切削和承受冲击载荷时，为保证切削刃强度，应取较小前角，甚至负前角。(　　)

11．接受培训、掌握安全生产技能是每一位员工享有的权利。(　　)

12．切削加工时，进给量和切削速度对表面粗糙度的影响不大。(　　)

13．机床运行时，应每天对机床进行监控和检查，并将检查情况做好记录。(　　)

14．刀具正常磨损中，后刀面磨损最常见。(　　)

15．对称铣削适合加工短而宽的工件。(　　)

三、计算题（共 40 分）

1．在 X6132 铣床上，用一把直径为 100 mm 的铣刀，以 28 m/min 的速度进行铣削，问铣床主轴转速应调整到多少？

2．铣削一阶台零件 100 mm × 100 mm 外轮廓，采用 ϕ20 高速钢三刃立铣刀铣削，常用高速钢立铣刀切削速度为 18 ~ 35 m/min，本次加工为粗加工，单齿进给量约为 0.1 mm，请计算本次加工的进给速度。

光阴似箭，日月如梭。

作业 6

一、单选题（将正确的答案填在（　　）内，每题 2 分，满共 30 分）

1. 任何一个未被约束的物体，在空间都具有进行（　　）种运动的可能性。

A. 3　　B. 4　　C. 5　　D. 6

2. 铣削 T 形槽时，首先应加工（　　）。

A. 直槽　　B. 底槽　　C. 倒角

3. 在立铣床上安装机用虎钳时，底部定位键的作用是使固定钳口与（　　）平行或垂直。

A. 工作台面　　B. 铣刀

C. 纵. 横进给方向　　D. 垂向进给方向

4. 铣削键槽时，选择每次铣削层深度在 0.5 mm 左右，手动进给由键槽一端铣向另一端，并以较大的进给量往返进行铣削直至键槽深度，这种铣削方法称为（　　）。

A. 一次铣准法　　B. 分层铣削法　　C. 扩刀铣削法　　D. 对中铣削法

5. 平面铣削技术要求包括平面度、表面粗糙度和（　　）。

A. 连接精度要求　　B. 微观表面精度

C. 相关毛坯面的加工余量尺寸　　D. 与基准面的夹角

6. 用立铣刀铣削穿通的封闭沟槽时，（　　）。

A. 应用立铣刀垂直进给，铣透沟槽一端

B. 应用立铣刀加吃刀铣削

C. 应用钻头在沟槽长度线一端钻一落刀圆孔，再进行铣削

D. 每次进刀均由落刀孔的一端铣向另一端，并用顺铣扩孔

7. 刀具在切削过程中承受很大的（　　），因此要求刀具切削部分材料具有足够的强度和韧性。

A. 切削力　　B. 切削抗力　　C. 冲击力　　D. 振动

8. 线性尺寸公差一般规定（　　）个等级。

A. 三　　B. 四　　C. 五　　D. 六

9. 铝具有的特性是（　　）。

A. 较差的导热性　　B. 良好的导电性　　C. 较高的强度　　D. 较差的塑性

10. 用压板装夹工件时，螺栓应尽量靠近工件，压板数目一般不小于（　　）。

A. 4 块　　B. 3 块　　C. 2 块　　D. 5 块

11. 可能引起机械伤害的是（　　）。

A. 正确使用防护措施　　B. 转动部件停稳前不进行操作

C. 转动部件上少放物品　　D. 站位得当

12. 工企对环境污染的防治不包括（　　）。

A. 防治大气污染　　B. 防治运输污染

C. 开发防治污染新技术　　D. 防治水体污染

13. 企业的质量方针不是（　　）。

A. 企业的最高管理者正式发布的　　B. 企业的质量宗旨

C. 企业的质量方向　　D. 市场需求走势

敏而好学，不耻下问。

14．不符合岗位质量要求的内容是（　　）。

A．对各个岗位质量工作的具体要求　　B．体现在各岗位的作业指导书中

C．是企业的质量方向　　D．体现在工艺规程中

15．箱体重要加工表面工艺过程分为（　　）两阶段。

A．粗、精加工　　B．基准、非基准　　C．大与小　　D．内与外

二、判断题（判断下列各题对错，正确的打“√”，错误的打“×”。每题2分，满共30分）

1．用游标卡尺可测量毛坯件尺寸。（　　）

2．W18Cr4V是属于钨系高速钢，其磨削性能不好。（　　）

3．为保障人身安全，在正常情况下，电气设备的安全电压规定为36 V以下。（　　）

4．高速钢车刀的韧性虽然比硬质合金高，但不能用于高速切削。（　　）

5．影响切削温度的主要因素：工件材料、切削用量、刀具几何参数和冷却条件等。（　　）

6．为提高生产率，采用大进给切削要比采用大背吃刀量省力。（　　）

7．在标准公差等级中，IT18级公差等级最高。（　　）

8．调质的目的是提高材料的硬度和耐磨性。（　　）

9．工件在夹具中定位时必须限制六个自由度。（　　）

10．粗基准只能使用一次。（　　）

11．工件材料的强度、硬度越高，则刀具寿命越低。（　　）

12．选择精基准时，先用加工表面的设计基准为定位基准，称为基准重合原则。（　　）

13．高速钢刀具用于承受冲击力较大的场合，常用于高速切削。（　　）

14．用多个支撑点同时限制一个自由度，使工件定位更加稳固。（　　）

15．随公差等级数字的增大，而尺寸精确程度依次提高。（　　）

三、简答题（共40分）

1．铣工对铣床的日常维护保养应做好哪些方面？

2．机床夹具的组成部分有哪些？

3．定位的种类有哪些？

4．常用的夹紧装置有哪些？

学而不思则罔，思而不学则殆。

作业 7

一、单选题（将正确的答案填在（　　）内，每题 2 分，满共 30 分）

1. 在企业的经营活动中，下列选项（　　）不是职业道德功能的表现。
   A. 激励作用　　B. 决策能力　　C. 规范行为　　D. 遵纪守法
2. 下列选项中属于企业文化功能的是（　　）。
   A. 整合功能　　B. 技术培训功能　　C. 科学研究功能　　D. 社交功能
3. 下列选项中属于职业道德作用的是（　　）。
   A. 增强企业的凝聚力　　B. 增强企业的离心力
   C. 决定企业的经济效益　　D. 增强企业员工的独立性
4. 下列选项中，关于职业道德与人的事业成功的关系的正确论述是（　　）。
   A. 职业道德是人事业成功的重要条件
   B. 职业道德水平高的人肯定能够取得事业的成功
   C. 缺乏职业道德的人更容易获得事业的成功
   D. 人的事业成功与否与职业道德无关
5. 职业道德活动中，对客人做到（　　）是符合语言规范的具体要求的。
   A. 言语细致，反复介绍　　B. 语速要快，不浪费客人时间
   C. 用尊称，不用忌语　　D. 语气严肃，维护自尊
6. 对待职业和岗位，（　　）并不是爱岗敬业所要求的。
   A. 树立职业理想　　B. 干一行爱一行专一行
   C. 遵守企业的规章制度　　D. 一职定终身，不改行
7. （　　）是企业诚实守信的内在要求。
   A. 维护企业信誉　　B. 增加职工福利
   C. 注重经济效益　　D. 开展员工培训
8. 坚持办事公道，要努力做到（　　）。
   A. 公私不分　　B. 有求必应　　C. 公正公平　　D. 全面公开
9. 下列材料中不属于金属的是（　　）。
   A. 铝　　B. 铁　　C. 轴承合金　　D. 陶瓷
10. 下列过程不属于生产过程的是（　　）。
   A. 原材料的运输和保管　　B. 毛坏的制造
   C. 检验调试　　D. 工件的运输
11. 在生产过程中，改变生产对象形状、尺寸、相对位置和性质，使其成为成品或半成品的过程称为（　　）。
   A. 生产过程　　B. 工艺过程　　C. 切削加工工艺过程　　D. 工序
12. 下列不属于切削加工工艺过程的是（　　）。
   A. 工序　　B. 工艺　　C. 工位　　D. 工作行程
13. 一个或一组工人，在（　　）工作地点对（　　）工件所连续完成的工艺过程称为工序。
   A. 一个、同时对几个　　B. 多个、对一个

C．多个、同时对多个　　D．一个、分别对多个

14．工件经一次装夹后所完成的工序称为（　　）。

A．工位　　B．工步　　C．安装　　D．工作行程

15．在加工表面和加工刀具不变的情况下，所连续完成的（　　）称为工步。

A．工序　　B．工位　　C．装夹　　D．工作行程

二、判断题（判断下列各题对错，正确的打“√”，错误的打“×”。每题2分，满共30分）

1．金属材料随着温度变化而膨胀、收缩的特征称为热膨胀性。（　　）

2．超硬铝可用作承力构件和高载荷零件，如飞机上的大梁等。（　　）

3．制定箱体零件的工艺过程应遵循先孔后基面加工原则。（　　）

4．在工艺过程中所采用的基准，称为工艺基准。（　　）

5．两极闸刀开关用于控制单向电路。（　　）

6．万用表使用完毕，应把转换开关旋转至交流电压最低挡。（　　）

7．变压器在改变电压的同时，也改变了电流和频率。（　　）

8．在工作现场禁止随便动用明火。（　　）

9．不论机件的形状结构是简单还是复杂，选用的基本视图中都必须要有主视图。（　　）

10．有时根据零件的功能、加工和测量的需要，在同一方向要增加一些尺寸基准，但同一方向只有一个主要基准。（　　）

11．铝合金的切削加工性能好，切削时不易变形。（　　）

12．通常把淬火+高温回火的热处理称为调质处理。（　　）

13．铣削平面轮廓零件外形时，要避免在被加工表面范围内的垂直方向下刀或抬刀。（　　）

14．工件受热变形产生的加工误差是在工件加工过程中产生的。（　　）

15．专用夹具是专为某一种工件的某道工序的加工而设计制造的夹具。（　　）

三、简答题（共40分）

1．铣削加工中零件装夹有哪些需要注意的问题？

2．简述加工直角沟槽时的注意事项。

3．简述加工过程中对环境保护采取的措施。

4．简述切削液的作用。

作业 8

与朋友交，言而有信。

一、单选题（将正确的答案填在（　　）内，每题 2 分，满共 30 分）

1．按照概念范围大小顺序，下列排列正确的是（　　）。

A．切削加工工艺过程、工序、工步、工作行程

B．切削加工工艺过程、工步、工序、工作行程

C．切削加工工艺过程、工位、工步、工作行程

D．切削加工工艺过程、工序、工作行程、工步

2．对于减速箱箱盖，首先应将（　　）加工出来作基准。

A．连接孔　　B．独承孔　　C．侧面　　D．接合面

3．在圆柱体上铣一个平面，需要限制（　　）自由度。

A．$\vec{Z}\,\widehat{Y}$　　B．$\vec{Z}$　　C．$\widehat{Y}$　　D．$\widehat{Z}\,\vec{Y}$

4．在长方体上铣一个台阶面，要限制（　　）自由度。

A．6　　B．4　　C．3　　D．2

5．定位元件所能限制的自由度数（　　）按加工工艺要求的自由度数，称为重复定位。

A．>　　B．=　　C．<　　D．≠

6．在圆柱面上铣一平面，采用 V 形槽定位，在沿 V 形槽方向 y 轴上添加一支承点，可以（　　）。

A．减少夹紧力　　B．增加工件附性

C．简化夹具结构　　D．提高定位精度

7．下列关于定位元件说法正确的是（　　）。

A．A 型（平头型）支承钉适用于粗基准的定位

B．B 型（球头型）支承钉适用于粗基准的定位

C．A 型支承板适用于粗加工的平面定位

D．B 型（有斜槽）支承板仅适用于粗加工的平面定位

8．下列关于 V 形块定位的说法不正确的是（　　）。

A．V 形块适用于完整的圆柱面定位　　B．V 形块定位对中性好

C．V 形块可限制 4 个自由度　　D．V 形块的夹角常用有 90° 和 120° 两种

9．如果锥度（　　）自锁角时，为了取下方便，可用带旋出螺母的圆锥心轴。

A．>　　B．=　　C．<　　D．≠

10．工件在夹具中定位时，其定位基准面的（　　）相对于定位元件支承面的（　　）发生的最大位移称为定位误差。

A．装配基准　　B．设计基准　　C．定位基准　　D．工艺基准

11．当用一个夹紧力对（　　）工件同时夹紧时，应使每个工件都受到足够的夹紧力。

A．两个　　B．三个　　C．多个　　D．四个

12．在螺栓夹紧机构中，夹紧力和（　　）无关。

A．螺纹公称直径　　B．手柄长　　C．手柄作用力　　D．螺纹的长度

13．下列夹紧机构中，增力倍数最大的机构为（　　）。

A．斜楔夹紧机构　　B．铰链夹紧机构

C．螺旋夹紧机构　　D．偏心夹紧机构

绳锯木断，水滴石穿。

14．以下关于切削种类特征的说法正确的是（　　）。

A．带状切屑内表面光滑，外表面呈锯齿形

B．带状切屑内表面有时有裂纹，外表面呈毛绒状

C．节状切屑内表面光滑，外表面呈毛茸状

D．节状切屑内表面有时有裂纹，外表面呈毛绒状

15．在铣削塑性金属时，铣削速度增高，切屑变形（　　），铣削力（　　）。

A．大、变大　　B．小、变大　　C．大、变小　　D．小、变小

二、判断题（判断下列各题对错，正确的打"√"，错误的打"×"。每题2分，满共30分）

1．夹紧力的作用点应与支承件相对，否则工件容易变形和不稳固。（　　）

2．轴类零件常用两中心孔作为定位基准，这是遵循了"自为基准"原则。（　　）

3．使用机用平口虎钳装夹工件，铣削过程中应使铣削力指向活动钳口。（　　）

4．为了保证主轴准确垂直于工作台面，当主铣头处于中间零位时，有一个圆柱销作精确定位。（　　）

5．立式铣床的主要特征是主轴与工作台面垂直。（　　）

6．卧式铣床的主轴安装在铣床床身的上部。（　　）

7．铣床的自动进给是由进给电动机提供动力的。（　　）

8．铣刀刀尖是指主切削刃与副切削刃的连接处相当少的一部分切削刃。（　　）

9．进给速度是工件在进给方向上相对刀具的每分钟位移量。（　　）

10．在通用铣床上铣削键槽，大多采用分层铣削的方法。（　　）

11．选择合理的刀具几何角度以及适当的切削用量都能大大提高刀具的使用寿命。（　　）

12．切削热来源于切削过程中变形与摩擦所消耗的功。（　　）

13．生产技术准备周期是从生产技术工作开始到结束为止所经历的总时间。（　　）

14．工艺系统由机床、夹具、刀具和工件组成。（　　）

15．一般在没有加工尺寸要求及位置精度要求的方向上，允许工件存在自由度，所以在此方向上可以不进行定位。（　　）

三、简答题（共40分）

1．简述夹具的作用。

2．简述机床夹具的组成部分。

3．工件定位种类有哪几种？

4．夹紧力应该如何选择？

时间就像是海绵里的水，只要愿意挤，总还是有的。

作业 9

一、单选题（将正确的答案填在（ ）内，每题 2 分，满共 30 分）

1．影响铣削力大小的主要因素是 ( )。

A．平均总切削面积和单位面积上铣削压力 Kc

B．平均总切削面积和铣削用量

C．单位面积上铣削压力和铣削力

D．单位面积上铣削压力和材料的性质

2．在企业的经营活动中，下列选项中的 ( ) 不是职业道德功能的表现。

A．激励作用　B．决策能力　C．规范行为　D．遵纪守法

3．根据切屑的粗细及材质情况，及时清除 ( ) 中的切屑，以防止冷却液回路堵塞。

A．开关和喷嘴

B．冷凝器及热交换器

C．注油口和吸入阀

D．一级 (或二级) 过滤网及过滤罩

4．已知 ϕ10 mm 球头铣刀，推荐切削速度（v_c）157 m/min，切削深度 3 mm（a_p），主轴转速（N）应为 ( )。

A．4 000 r/min　B．5 000 r/min

C．6 250 r/min　D．7 500 r/min

5．X6132 型铣床主轴变速采用 ( ) 机构。

A．孔盘变速操纵　B．凸轮变速　C．液压变速　D．差动变速

6．用平口钳加工垂直面，当铣出的平面与基准面之间的夹角小于 90° 时，应在固定留口的 ( ) 加垫铜片或纸片。

A．上部　B．下部　C．左端　D．右端

7．企业文化的整合功能指的是它在 ( ) 方面的作用。

A．批评与处罚　B．凝聚人心　C．增强竞争意识　D．自律

8．按含碳量分类 45 钢属于 ( )。

A．低碳钢　B．中碳钢　C．高碳钢　D．多碳钢

9．高速钢与硬质合金其性能介于硬质合金和高速钢之间，具有良好的耐磨性、( )、韧性和工艺性。

A．刚性　B．红硬性　C．耐冲击性　D．耐热性

10．组合夹具的组装，必须熟悉零件图、工艺和技术要求，特别是对本 ( ) 所要达到的技术要求要了解透彻。

A．工种　B．工位　C．工序　D．工步

11．下列选项中属于企业文化功能的是 ( )。

A．体育锻炼　B．整合功能　C．歌舞娱乐　D．社会交际

合理安排时间，就等于节约时间。

12. 勤劳节俭的现代意义在于（　　）。

A. 勤劳节俭是促进经济和社会发展的重要手段

B. 勤劳是现代市场经济需要的，而节俭则不宜提倡

C. 节俭阻碍消费，因而会阻碍市场经济的发展

D. 勤劳节俭只有利于节省资源，但与提高生产效率无关

13. 关于创新的正确论述是（　　）。

A. 不墨守成规，但也不可标新立异

B. 企业经不起折腾，大胆地闯早晚会出问题

C. 创新是企业发展的动力

D. 创新需要灵感，但不需要情感

14. 基准是（　　）。

A. 用来确定生产对象上几何要素关系的点、线、面

B. 在工件上特意设计的测量点

C. 工件上与机床接触的点

D. 工件的运动中心

15. 飞出的切屑打入眼睛造成眼睛受伤属于（　　）。

A. 绞伤　　B. 物体打击　　C. 烫伤　　D. 刺割伤

二、判断题（判断下列各题对错，正确的打“√”，错误的打“×”。每题 2 分，满共 30 分）

1. 选择精基准时，应尽量采用设计基准、装配基准和测量基准作为定位基准。（　　）

2. 切削液可以增大切削过程中的摩擦，显著提高表面质量和刀具耐用度。（　　）

3. 铣削加工范围比较广，可以加工各种形状较为复杂的工件，生产效率高，加工精度也比较高。（　　）

4. 立铣刀安装的与铣床主轴不同轴时，会产生径向跳动，使槽宽尺寸增大。（　　）

5. 在分度头上装夹工件时，应先锁紧分度头主轴。（　　）

6. 用圆周铣方法铣出的平面，其平面度的大小主要取决于铣刀的圆柱度。（　　）

7. 在立式铣床上用立铣刀铣削封闭式键槽时，不需要预钻落刀孔。（　　）

8. 当工件上有较多的表面需要加工时，应选择重要表面作为粗基准。（　　）

9. 在铣床上铣削斜面时，有工件倾斜铣斜面和铣刀倾斜铣斜面两种方法。（　　）

10. 铣削斜度很大的斜面时，一般都采用按划线加工或在工件两端垫不同高度的垫铁来加工。（　　）

11. 在轴上铣削半圆键槽时，不论使用哪一种夹具进行装夹，都必须将工件的轴线找正到与机床进给方向一致。（　　）

12. 加工尺寸精度和位置精度要求较高的键槽时，最好采用粗铣和精铣两道工序。（　　）

13. 采用锯片铣刀铣削时，要找正万能铣床工作台的“零位”，否则容易将锯片铣刀扭碎，这是锯片铣刀折断的主要原因之一。（　　）

14. 铣削 T 形槽时，应先铣 T 形槽底，再铣直角槽。（　　）

15. 加工精度较高的角度面零件时，应选用较少孔数的孔圈，以提高分度精度。（　　）

只要朝着一个方向努力，一切都会变得得心应手。

三、简答题（共 20 分）

1. 铣刀切削部分的材料应具备哪些要求？

2. 请写出顺铣与逆铣的概念？它们各自有哪些特点？

四、计算题（共 20 分）

1. 用一把直径为 16 mm 的铣刀，以 25 m/min 的铣削速度进行铣削。问铣床主轴转速应调整到多少？

2. 用一把直径为 16 mm，齿数为 3 齿的立铣刀铣削。$f_{\text{齿}}$采用 0.05 mm/z，v_c 采用 25 m/min。求铣床的转速和进给量。

一日不书，百事荒芜。

作业 10

一、单选题（将正确的答案填在（　　）内，每题 2 分，满共 30 分）

1．事先不清楚被测电压的大小，应选择（　　）量程。

A．最低　　B．中间　　C．偏高　　D．最高

2．标准中心钻的保护锥部分的圆锥角大小为（　　）。

A．90°　　B．60°　　C．45°　　D．30°

3．铣床的一级保养，就是以机床操作者为主，维修工人配合，对设备内外进行维护和保养。铣床一般运转（　　）h 后，应进行一次一级保养。

A．200　　B．300　　C．400　　D．500

4．切削加工时，对表面粗糙度影响最大的因素一般是（　　）。

A．刀具材料　　B．进给量　　C．切削深度　　D．工件材料

5．法制观念的核心在于（　　）。

A．学法　　B．知法　　C．守法　　D．用法

6．由于难加工材料强度高、热强度高、塑性大、切削温度高和（　　）严重，所以铣刀磨损速度也较快。

A．弹性变形　　B．塑性变形　　C．晶格扭曲　　D．硬化和强化

7．对于硬度高的材料，一般采用（　　）铣刀。

A．高速钢　　B．硬质合金　　C．通用　　D．成形

8．让刀是指加工工件时，由于铣刀（　　）受力，铣刀将向不受力或受力小的一侧偏让。

A．双侧面　　B．单侧面　　C．前面　　D．后面

9．对于细长工件采用一夹一顶加工时，要用百分表校正工件两端的（　　）。

A．径向圆跳动量　　B．轴向圆跳动量　　C．高度　　D．圆度

10．用键槽铣刀或立铣刀铣 $\phi50^{+0.01}_{0}$ 的孔，安装时把刀具的圆跳动控制在（　　）mm 以内。

A．0.07　　B．0.05　　C．0.03　　D．0.01

11．当工件材料的（　　）低，导热系数大时，切削时产生的热量少，热量传导快，切削温度低。

A．强度和硬度　　B．弹性和冲击韧性　　C．塑性和强度　　D．硬度和脆性

12．在机械加工过程中，相互联系的尺寸按一定顺序首尾相接，排列成的尺寸封闭图就是尺寸链。在加工过程中的（　　）形成的尺寸链，称为工艺尺寸链。

A．零件图上　　B．工序尺寸　　C．有关尺寸　　D．有公差的

13．对铣床夹具的基本要求是（　　）。

A．定位与夹紧　　B．对刀方便　　C．安装稳固　　D．结构紧凑

14．形状较复杂的工件，为缩短工艺准备时间，宜采用（　　）装夹。

A．组合夹具　　B．专用夹具　　C．通用夹具　　D．标准夹具

15．夹具的定位元件、对刀元件、刀具引导装置、分度机构、夹具体的（　　）所造成的误差，将直接影响工件的加工精度。为保证零件的加工精度，一般将夹具的制造公差定为相应尺寸公差的 1/3 ~ 1/5。

A．加工　　B．装配　　C．安装　　D．加工与装配

人心齐，泰山移。

二、判断题（判断下列各题对错，正确的打“√”，错误的打“×”。每题2分，满共30分）

1．对端铣法和周铣法都可以加工的角度面应尽量采用端铣法。（　）

2．用立铣头铣削倾斜度精度要求不高的斜面时，立铣头偏转角度的数值可根据机床刻度上标出的数值来确定。（　）

3．用角度铣刀所铣出的斜面，其宽度等于刀刃的宽度。（　）

4．通常在铣床上使用的分度头有直接分度头、简单分度头和万能分度头等，其中以直接分度头使用最为广泛。（　）

5．万能分度头上的交换齿轮用于做直线移动、差动分度及铣削螺旋槽等工作。（　）

6．单件生产以大径定心的外花键时，在铣床上用通用铣刀加工；成批生产时用专用铣刀加工，也可用通用铣刀进行粗加工。（　）

7．一面两销组合定位方法中短圆柱销限制一个自由度，短削边销限制两个自由度。（　）

8．基面先行原则是将用来定位装夹的精基准的表面应优先加工出来，这种定位越精确，装夹误差就越小。（　）

9．公差是零件允许的最大偏差。（　）

10．金属切削加工性能与金属的力学性能有关。（　）

11．加工精度是指零件加工后的实际几何参数（尺寸、形状、位置）与理想几何参数的符合程度。（　）

12．生产管理是对企业日常生产活动的计划组织和控制。（　）

13．铣床主轴制动不良，是在按“停止”按钮时，主轴不能立即停止或产生反转现象。其主要原因是主轴制动系统调整得不好或失灵。（　）

14．操作者可以根据自己的判断随时改变生产工艺。（　）

15．岗位的质量要求是每个职工必须做到的最基本的岗位工作职责。（　）

三、简答题（共40分）

1．为提高凸模及凹模的硬度，通常采用淬火的热处理工艺。那么什么是淬火？淬火的目的是什么？

2．零件粗、精加工的目的是什么？

3．急停按钮的作用是什么？什么时候使用？

4．高速钢材料与硬质合金材料有什么区别？